高等院校艺术学门类“十四五”系列教材

版式设计与印刷

（第二版）

BANSHI SHEJI YU YINSHUA

主　编　周　珏　胡　凡
副主编　栾黎荔　张　鑫　唐丽雅　王雪卉
单春晓　甑新生　周小娟　田志梅

華中科技大學出版社
http://press.hust.edu.cn
中国·武汉

内容简介

版式设计与印刷是艺术设计专业的重要课程，也是包装设计、书籍装帧设计、广告设计等课程的基础。

本书介绍了版式设计的基本定义和包含的内容、版式设计的基础构成、版式设计的视觉元素、版式设计的网格系统、版式设计与印刷。全书通过讲解版式设计与印刷的基础知识，提高读者对版式设计的认知程度，有利于帮助读者解决学习中遇到的各种问题，从而创作出更具视觉冲击力的设计作品。

图书在版编目（CIP）数据

版式设计与印刷 / 周珏，胡凡主编．—2 版．—武汉：华中科技大学出版社，2023.4
ISBN 978-7-5680-9270-8

Ⅰ．①版…　Ⅱ．①周…　②胡…　Ⅲ．①版式－设计－高等学校－教材　Ⅳ．① TS881

中国国家版本馆 CIP 数据核字（2023）第 045127 号

版式设计与印刷（第二版）
Banshi Sheji yu Yinshua（Di-er Ban）
周珏　胡凡　主编

策划编辑：彭中军
责任编辑：刘　静
封面设计：孢　子
责任监印：朱　玢
出版发行：华中科技大学出版社（中国·武汉）　电话：（027）81321913
武汉市东湖新技术开发区华工科技园　邮编：430223
录　　排：武汉创易图文工作室
印　　刷：武汉市洪林印务有限公司
开　　本：889 mm × 1194 mm　1/16
印　　张：4.25
字　　数：112 千字
版　　次：2023 年 4 月第 2 版第 1 次印刷
定　　价：35.00 元

前言 Preface

版式设计是艺术设计专业一门比较基础的课程。正因为如此，我们要更好地掌握版式中的字体、色彩和图形这三大构成要素，并学会灵活自如地运用。版式设计的学习，为今后的课程如书籍装帧设计、包装设计、网页设计等课程奠定了一定的基础。版式设计作品要想吸引眼球，除了要做到排版新颖、独特，还要做到内容与形式高度统一。

本书通过不同的章节循序渐进地讲解了版式设计在书籍中的应用，版式设计在网页中的应用，版式设计在平面设计中的应用，并辅以大量图片及案例，让读者能更快地掌握版式设计的相关知识。在社会发展日新月异的今天，版式设计已经超越了传统意义上的排版，具有了全新的意义与内涵。随着版式设计在审美、形式、表现手法、制作工艺等方面取得巨大发展，与版式设计操作流程联系紧密的印刷形式也发生了很大的改变。希望本书可以帮助读者设计出更多更好的作品。

本书在编写的过程中，借鉴了一些图书和网站中的图片作品，向这些图片的创作者们表示诚挚的感谢。

由于编者学识有限，书中难免出现不当的地方，还望专家和广大读者提出宝贵意见与建议。

编　者

目录 Contents

第一章 版式设计概论

第一节　版式设计的定义

什么是版式设计？学习版式设计之前，我们必须明确什么是版式。版式既是版面设计的样式，又是版面设计的载体。在信息化时代，版面不仅仅是一张纸，它可以是一面墙、一个瓶、一件包装，或者是显示器的屏幕、汽车的车身等，版面是一切可以利用的信息承载媒介。

版式设计如图 1-1 至图 1-4 所示。

版式设计也称为编排设计，是指在有限的版面上，根据版面设计的内容和要求，把文字、图形、色彩等视觉装饰元素进行有机的排列组合，从而使作品体现一定的文化底蕴、审美情趣和时代精神。

图 1-1　包装的版式设计（1）

图 1-2　包装的版式设计（2）

图 1-3　车身版式广告（1）

图 1-4　车身版式广告（2）

版式设计应用广泛，目前，已经应用于书籍杂志编排（见图 1-5）、报刊广告设计、户外广告设计（见图 1-6）、包装装潢设计、企业形象设计、网页设计（见图 1-7、图 1-8）等设计领域。

版式设计是现代设计师必须掌握的艺术知识，是视觉传达设计专业一门重要的专业基础课，是现代设计艺术的重要组成部分，也是视觉传达的一种重要手段。

图 1-5　书籍版式设计

图 1-6　户外广告设计

图 1-7　网页版式设计（1）

图 1-8　网页版式设计（2）

第二节　版式设计的目的

为了满足现代社会经济和科技发展的需要，在高等院校艺术学课程中，版式设计已经成为一门研究视觉传达形式规律的专业基础课程，为学生学习书籍装帧设计、招贴设计、包装设计、网页设计等课程打下了一定的基础。版式设计的最终目的是，使版面上的信息能够更有效地传达给读者。要达到这个目的必须具备两个条件：其一，版面上的信息要编排合理、主题明确、一目了然；其二，版面设计要新颖，艺术感染力强，符合主题内容的特点，让读者印象深刻并乐于接受。这也就要求版式设计师在设计前必须对版面上所要传达的信息内容进行深入细致的了解，把握信息内容的特点，同时，也要对目标读者进行创意构思，规划版面的构图布局。因此，版式设计师的人生阅历、设计经验、艺术修养和对设计任务的理解都对版式设计的质量有着重要的影响。

第三节　版式设计的起源与发展

一、版式设计的起源

古代两河流域的苏美尔人在公元前 3000 年前就开始利用木片在湿泥版上刻画楔形文字，古埃及的象形文字可以追溯到公元前 3500 年，在中国殷墟出土的甲骨文（见图 1-9）距今已有 3000 多年的历史。

随后中国又出现了石鼓（见图 1-10）、铜节（见图 1-11）、秦虎符（见图 1-12）等。

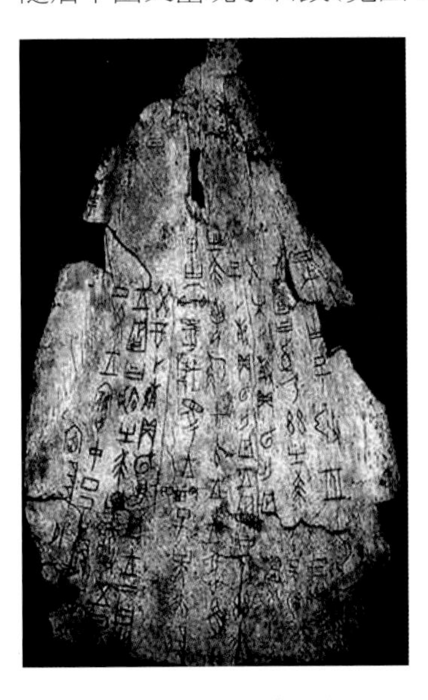

图 1-9　甲骨文

图 1-10　刻有秦国文字的石鼓

图 1-11　刻有楚国文字的铜节

图 1-12　铸有小篆文字的秦虎符

图 1-13　汉代隶书

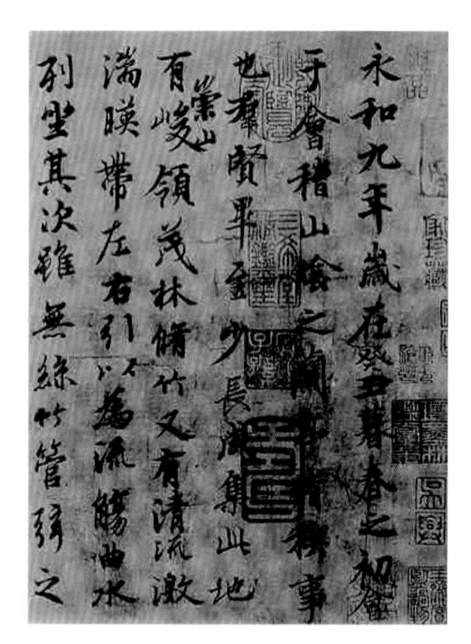

图 1-14　《兰亭集序》

这些都代表着中国古代的编排风格。与现代编排风格相比，中国古代的编排风格显得比较单纯、粗糙，不够讲究版面设计的效果。从中国发明造纸术、印刷术开始，文化传播开始走向大众，人们的审美情趣也发生了很大的变化，形成了新的编排风格。特别是活字印刷术的发明，由于技术的重大突破，文字的字体走向多样化、规范化，版面可容纳的信息量增大，形成了工整严谨的编排风格（见图 1-13、图 1-14）。

版式设计理论体系形成于 20 世纪初的欧洲，其代表人物是威廉・莫里斯（见图 1-15）和俄国人李捷斯基。莫里斯最先倡导了英国工艺美术运动并得到欧美人民的广泛响应，是古典主义编排设计的创造者。莫里斯的设计风格严谨、朴素、大方、简洁、庄重。在版式设计中，他常采用对称结构和美观的字体，强调版面的装饰性。他的观点对后世的版式设计产生了深远的影响。李捷斯基是构成主义的倡导者之一，提出构成主义是一种理性和逻辑性的艺术。构成主义在点、线、面以及色彩的运用上注重排列规律，追求完美的次序，用简洁的几何形态构成图形，侧重于形体美、节奏美和抽象美。由德国人格罗皮乌斯创立的包豪斯设计学院贯彻了全新的艺术教育观点。包豪斯设计学院的教育观点是：以艺术设计为手段，倡导艺术与技术的统一，融合各现代艺术设计的精神与成果，摆脱旧有模式的束缚，培养有创新价值的艺术。包豪斯设计学院的教学理论和教育实践为编排设计教学的发展提供了科学性、创造性和前瞻性的保证。

图 1-15　威廉·莫里斯

二、版式设计的发展

20 世纪 60 年代照相技术的全面普及,给编排设计带来了全新的技术支持。版式设计师可以利用照相技术编排出更具有装饰性的版面。图文结合的版面编排使版面信息的容量大增,编排的风格也更加活泼和多样化。

20 世纪 80 年代,照相植字、电子分色和电脑排版技术的发展与应用,是版式设计的又一次重大变革。这些技术不但较大地缩小了版式设计师的工作空间,还极大地提高了版式设计师的工作效率,给设计人员创造了一个更加自由的设计空间。随着电子科技的迅猛发展,版式设计师更新了设计观念,彻底改变了传统的设计与印刷制作方式。在创作和表现技术上,版式设计师不再受限制,能够有较多的空间来满足现代人们的个性化需求。

综上所述,版式设计不再是单纯的技术编排,而是技术与艺术的高度统一,是设计视觉化与形象化、现代与传统、主观与客观、效果与功能等多方面的综合信息系统。

第四节　版式设计存在的问题与发展趋势

一、版式设计存在的问题

1. 在中国诞生的时间较短

与发达国家相比,中国的版式设计存在的时间较短,如同一个刚出生不久的婴儿。如何创作

出具有民族个性的版式，需要我们学会借鉴，并吸收其他国家优秀的版式设计作品。

2. 在设计基础课程中的主导地位不够突出

在学习版式设计的过程中，人们容易将版式设计与招贴设计、书籍装帧设计相混淆。版式设计作为一门基础课程，在学习招贴设计、书籍装帧设计和包装设计之前就应该被学习掌握。简单来说，版式设计就是运用文字、图形与色彩进行搭配的训练，是平面设计中最基础的课程之一，也是学习视觉元素导向与视觉流程的基础课程。

3. 缺乏沟通与交流

版式设计的课程内容并不是固定不变的，随着社会和科技的发展，应该做适当的调整。由于人们的认识水平和研究水平存在差异，不同的地方版式设计的课程内容也会有一定的差异。为此，老师之间、师生之间、同行之间不断加强交流与学习是必要的，尤其是可以学习和借鉴发达国家的视觉手法。与此同时，学生在学习完一门设计课程后，课后作业上的排版常常是没有那么考究的，而这也影响了作业的整体设计效果与分数，学生可以从身边的排版做起。

二、版式设计的发展趋势

过去人们了解信息，基本上都是靠印刷品，如书籍、报纸等一些出版物。可如今，发达的电子产品将人们带入了一个全新的信息时代，通过一些高科技产品，人们可以随时随地获得自己想要的信息，人们的思想观念发生了重大的变化，版式设计的内涵随之扩充为世界性的视觉传达公共语言。

1. 强调创意表现

版式设计中的创意有两种，一种是针对主题思想的创意，另一种是关于版式编排设计的创意。这就要求版式设计师在版面编排技巧上要勇于打破传统设计，巧妙地运用幽默、夸张、悬念等手法将针对主题思想的创意与关于版式编排设计的创意相结合，而这已成为现代编排设计的发展趋势之一（见图 1-16、图 1-17）。

2. 追求个性、品位

个性是版式设计师对设计样式的独到见解，它包括版式设计师本人的个性表现和版面内容、形式表达的个性表现。品位是个性化的充分发挥，既决定了设计作品的档次，又决定了读者的档次。个性与品位往往是相辅相成的：个性使版式能够脱颖而出，达到吸引读者视线的目的；品位让读者回味无穷，引发审美共鸣，从而愉快地接收信息（见图 1-18）。

3. 注重情感效应

“以情动人”是艺术设计中的一种创意手法，以前很多的公益海报都运用这一手法，将主题思想表达在图片中，用图说话，既直接又具有感染力，让读者一目了然，从而引起读者的共鸣。在现代版式设计中，也常使用这一手法，不仅通过图片来表现，还运用文字来表现。文字编排具有强烈的情感表现功能，通过文字的位置编排能体现出“轻快、凝重、舒缓、激扬”的感情色彩。另外，在空间结构上，对称、水平、并置的结构表现出严谨与理性的感情色彩，曲线与散点的结构表现出自由、热情与浪漫的感情色彩（见图 1-19）。

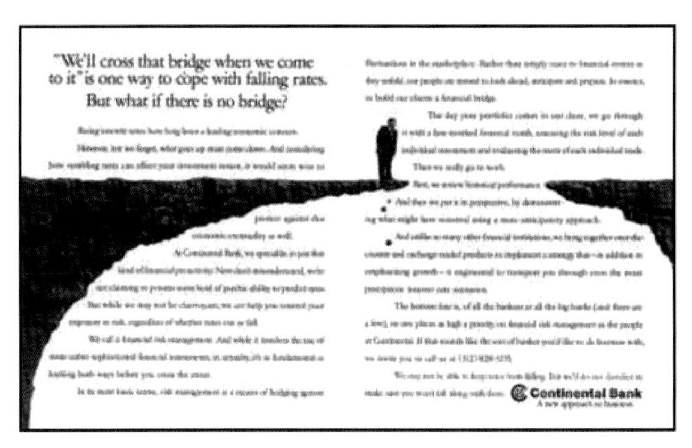

图 1-16　创意图文（1）

图 1-17　创意图文（2）

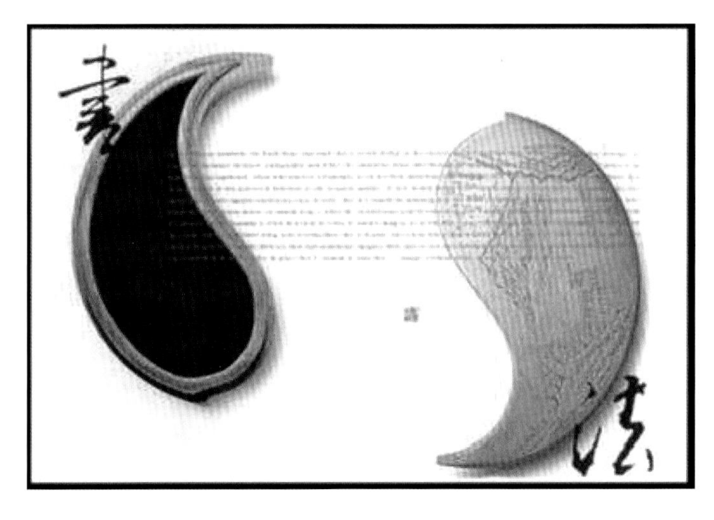

图 1-18　传统与现代的融合

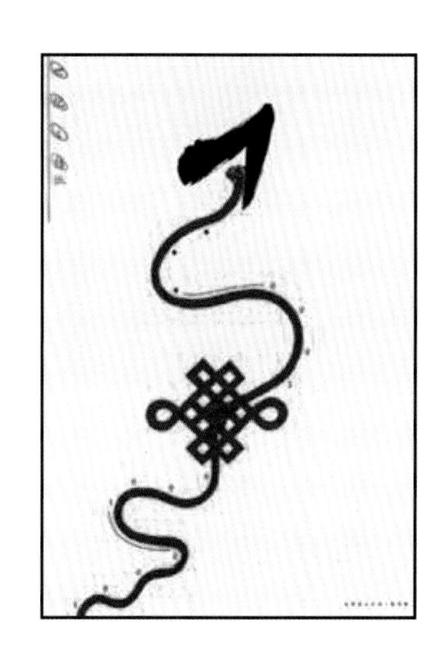

图 1-19　情感效应

第五节　近现代编排设计的风格

一、立体主义

立体主义包含了对具体对象的分析、重新构造和综合处理的艺术特征。这些特征在某些国家得到了更进一步的发展。这种发展导致对平面设计结构的分解和组合，并把这些组合规律化、体系化，强调纵横的结合规律，强调理性规律在表现“真实”中的关键作用。立体主义的这种探索提供了现代平面设计的形式基础，对编排设计的形成产生了很重要的影响，如荷兰的风格派和俄国的构成主义等。

立体主义图画如图 1-20 所示，立体主义分割设计如图 1-21 所示，现代立体主义风格版式如图 1-22 所示。

图 1-20　立体主义图画

图 1-21　立体主义分割设计

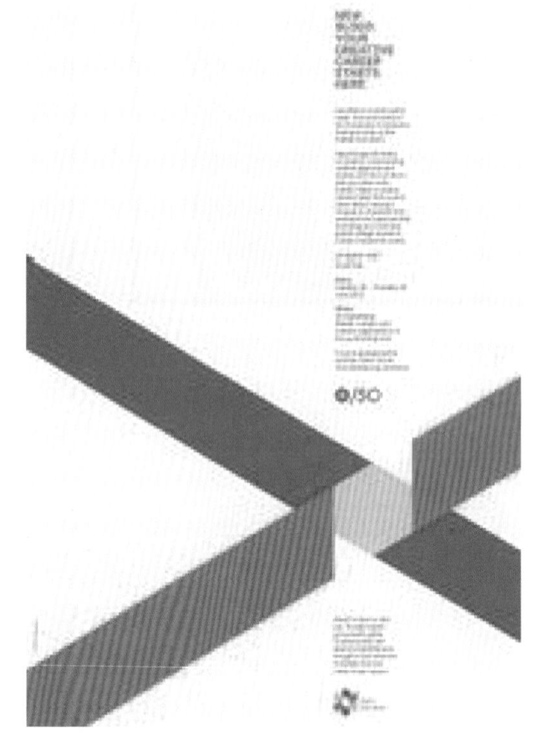

图 1-22　现代立体主义风格版式

二、未来主义

在版面编排上，未来主义主张推翻所有的传统编排方法，文字和图形作为视觉元素可以自由安排，不受任何因素和原则的限制。未来主义的版面编排自由，字体各种各样且大小不一，在版面上形成一种完全混乱的形式。这种反理性和无规律的编排风格为现代主义平面设计提供了高度自由的编排借鉴。

未来主义风格版式设计如图 1-23、图 1-24 所示。

图 1-23　未来主义风格版式设计（1）

图 1-24　未来主义风格版式设计（2）

三、达达主义

达达主义在版式编排设计上产生的影响，与未来主义有相似之处。其中，影响最大的方面是利用拼贴方法设计版面，利用摄影照片的拼贴方法来创作插图。达达主义的版面编排呈现出无规律、自由的特点。达达主义对传统的大胆突破，对偶然性、机会性在艺术和设计中的强调，对后来艺术和设计的发展具有很大的影响作用。

达达主义风格版式设计如图 1-25 所示。

图 1-25　达达主义风格版式设计

四、超现实主义

第一次世界大战后，由于人们普遍对社会产生了一种悲观和茫然的情绪，因而出现了虚无主义思想，超现实主义就是在这样的背景下，在欧洲出现的现代主义艺术运动。超现实主义认为社会的表象是虚拟的，无设计的下意识才是真实的。超现实主义对现代平面设计的影响在于对人类意识形态和精神领域方面的探索，对日后现代主义在观念表现上有创造性的启迪作用。

超现实主义风格版式设计如图 1-26、图 1-27 所示。

图 1-26　超现实主义风格版式设计（1）

图 1-27　超现实主义风格版式设计（2）

第二章 版式设计的基础构成

第一节　版面的视觉构成元素

版面设计要新颖、美观、大方，同时应与自身定位相符合。版面构成要给人视觉上的享受，了解版面的视觉构成元素是关键的一步。视觉构成元素主要指点、线、面，点、线、面不同的组合方式给人不同的心理感受。

一、点的编排构成

点是相对于其他元素的比例而言的，而不是由自身的大小决定的。点就是细小的形，点的聚与散的排列、虚与实的组合，会带给人们不同的心理感受。在版式设计中，点是最能形成视觉的"亮点"，具有活跃性，容易调动情绪与气氛。编排中的一个字母、一个文字，或者一个符号都可以视为一个点。点是指在相对的空间里形成的某个元素。

二、线的编排构成

线游离于点与面之间，具有长度、位置、宽度、方向、形状和性格。线可以构成各种形态，起着分离画面的作用，在设计中的视觉影响力远远大于点。

1. 线的节奏

构成线的文字按照规律，在大小、方向上发生变化，使构成的线条有节奏地运动，呈现出韵律感，使整个画面具有无限的想象空间。

2. 线的情感

直线和曲线在画面上给人的视觉效果是不一样的：直线一般代表男性，刚劲有力；曲线一般用来表示女性的柔美。因此，我们在运用线条之前，应当了解不同的线条所表达的情感。

3. 线的空间

线不仅仅具有情感因素，还具有方向性、流动性、延续性和空间感。线条的起伏荡漾在视觉空间上所产生的深度和广度，赋予设计宽广的思维空间。线条的微妙变化显示出设计的含蓄与情感，放射性的线条使画面视觉表现强烈，具有爆发力。

三、面的编排构成

面可以理解为线重复密集移动的轨迹和线的密集形态，也可以理解为点的放大、集中或重复。另外，线分割空间，形成各种比例的面，面在版面中具有平衡和丰富空间层次、烘托和深化主题的作用。面在空间上占有面积最多，因此，在视觉效果上比点和线更强烈，同时具有鲜明的个性特征，几何形和自由形是面的两大类型。

1. 面的分割构成

面的分割构成主要表现为：线条对一张图片以及多张图片进行分割，使其整齐有序地排列在版面上。像这样分割编排版面，可以使版面具有强烈的秩序感和整体感，具有严肃、稳定的视觉效果。

2. 面的情感构成

面具有多重性格、丰富的内涵，有时动态强势，有韵律，能够塑造立体感，使人产生错觉。

四、点、线、面的混排

一个完整的版面是由点、线、面有机地结合而生成的。版面中的点由于大小、形态、位置的不同，所产生的视觉效果也不同。点的流向编排形成了线，线的密集排列形成了面。点、线、面是相对而言的，主要根据它们在画面中的比例关系而定，在版式设计中是多样的。

点、线、面综合编排练习：可以在规定大小的版面内单独表现点、线、面，也可以将点、线、面混排在一起，运用最简单、最基础的元素完成分割版面练习。建议将 A4 白纸对折三次，展开后在正反十六个格子中进行练习。练习作品如图 2-1 至图 2-6 所示。

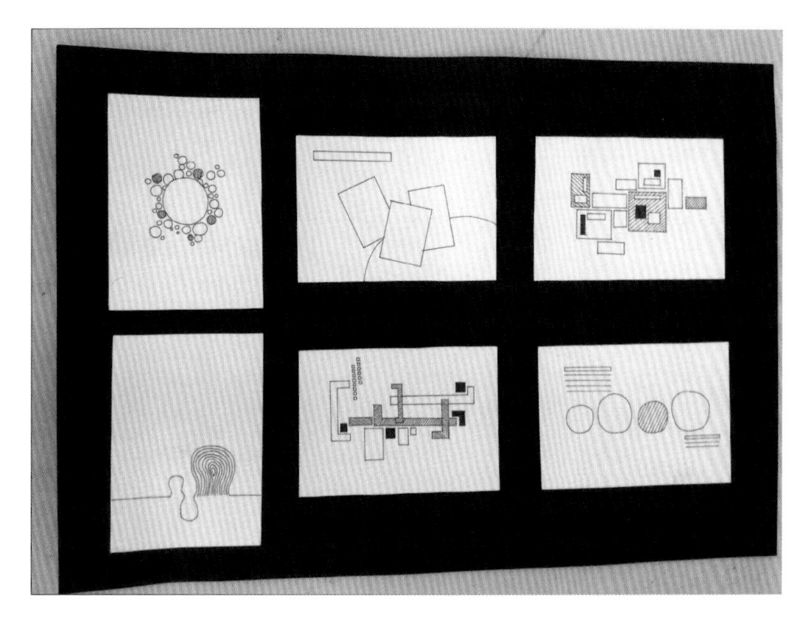

图 2-1　以点、线、面组合的排版练习作品（1）

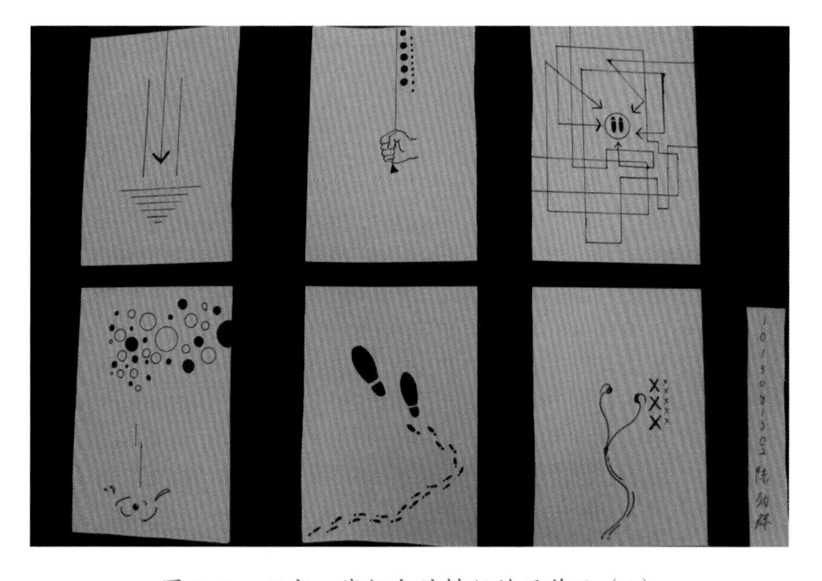

图 2-2　以点、线组合的排版练习作品（1）

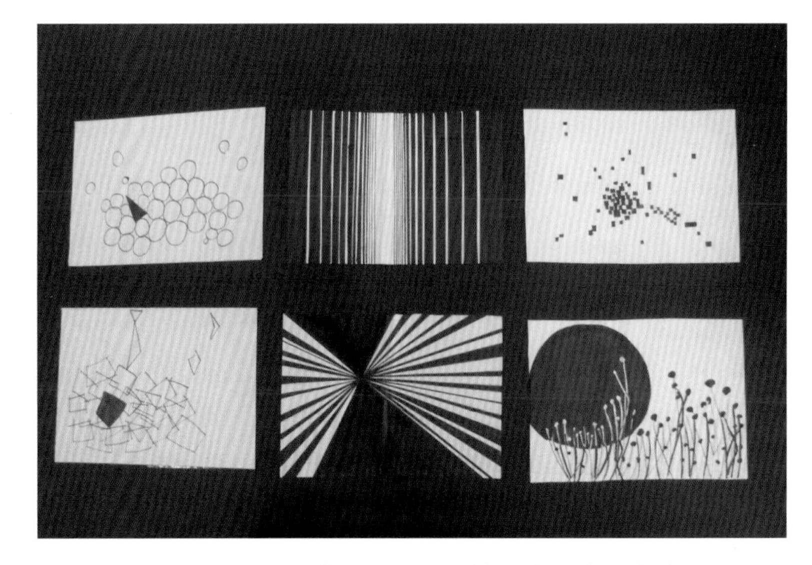

图 2-3　以点、线、面组合的排版练习作品（2）

图 2-4　以点、线组合的排版练习作品（2）

图 2-5　线形式的排版练习作品

图 2-6　以点、线、面组合的排版练习作品（3）

第二节　版式设计中的其他构成元素

版式设计由不同的元素巧妙搭配而成，除了点、线、面等基本构成元素外，还有其他的构成元素。

一、三维空间的编排构成

平面版式上的三维空间，是通过版面上各种元素的远近来表现的，是在平面上制造的一种假象，是采用近大远小的比例，利用不同的位置和突显的肌理来制造空间层次而形成的。

(1)比例关系的空间层次：通过面积大小的比例关系，即近大远小产生近、中、远的空间层次。编排版面时将主要形象放大，将次要形象缩小，使版面形成良好的主次空间层次关系。

(2)位置关系的空间层次：通过将文字与图形前后重叠、排列产生空间感。

(3)肌理空间层次：通过肌理粗糙度、质感与色彩的变化建立空间关系。

二、色彩构成

在版式设计中，颜色是一个很重要的视觉元素，本身就具有强烈的空间感。合理地利用和搭配色彩能吸引人们的注意，让人们的印象更加深刻。色彩在版面中也很重要：要想画面均衡，色彩必须协调。

第三节　版式的视觉流程

版式设计最主要的功能是有效地传达信息，因此，版式设计师在进行版面编排时要根据人的

视觉规律处理好信息传达的先后主次关系，使版面编排在满足人的视觉功能基础上，形成一种阅读节奏，引导受众逐步接收信息。当人们在观看任何一个平面空间时，总是有一个较先注意的地方，这就是视觉中心，也就是关注的焦点。版面的视觉中心是编排核心，是信息传达的主要区域。在编排时，版式设计师可以利用夸张、强调、对比等设计手法来确定其位置。

视觉流程是指受众在接收信息时有一个先后次序的过程。每个版面都有各自不同的视觉流程。在进行版面编排时，要让人们有顺序、有条理地阅读版面内容，以达到有次序地传达信息的目的。

一、单向式视觉流程

在解读或认识一些平面读物的时候，都会有一定的先后顺序和主次关系。版式设计师在编排的过程中，特意采用某种形式来引导人们的视觉流向，这就是版式设计中的视觉流程。视觉流程的编排在展现版式设计师个性的同时，也要符合人们的视觉习惯，过分夸张反而会适得其反。

单向式视觉流程是指视线向某一方向延伸，在版面中表现出一种方向感。横式视觉流程给人的感觉是稳定和平静；斜式视觉流程给人的感觉是冲击力强、注目度高；直线式视觉流程给人的感觉是坚定和肯定。

反战招贴单向式视觉流程如图 2-7 所示。

二、曲线式视觉流程

曲线式视觉流程，就是把各视觉元素以曲线的形式进行编排，给读者带来强烈的节奏韵律感和曲线美，为版面增加深度和动感。

曲线式视觉流程如图 2-8 所示。

图 2-7　反战招贴单向式视觉流程

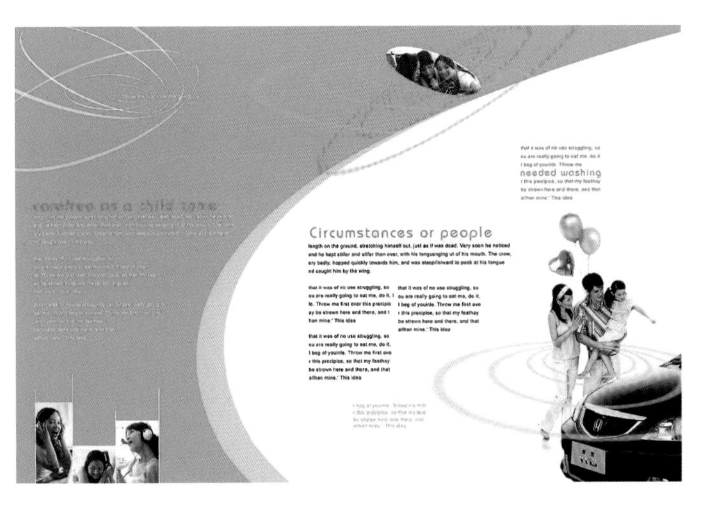

图 2-8　曲线式视觉流程

三、反复式视觉流程

所谓反复式视觉流程，就是把相同或相似的视觉元素反复排列在画面中，给人视觉上的重复感。反复式视觉流程不如单向式视觉流程强烈，但给人整齐、稳定、有规律的感觉，更增添了版面的节奏与韵律。

反复式视觉流程如图 2-9 所示。

四、散构式视觉流程

散构式视觉流程版面上的图形和文字呈分散状态，是将无主次、无中心的元素组合在版面中。这是一种比较自由的排版设计，主要运用在一些休闲杂志的正文中，给人休闲、轻松的感觉。

散构式视觉流程如图 2-10 所示。

图 2-9　反复式视觉流程

图 2-10　散构式视觉流程

五、导向式视觉流程

版面编排的导向包括文字导向、色彩导向、视觉导向、线条导向。通过运用导向元素，版式设计师能引导受众的视线向版面的目标诉求点运动。这种版式的特点是：导向元素脉络清晰，条理性和逻辑性强，目标视点明晰且往往是版面编排的重心。

导向式视觉流程如图 2-11、图 2-12 所示。

课堂习题：根据所学的视觉流程，我们可以运用固定元素在规定的版式中进行分割，如用 26 个字母在规定的版式中进行分割，用汉字或数字元素在规定的版式中进行分割。字母视觉分割作品如图 2-13 至图 2-16 所示。

图 2-11　导向式视觉流程（1）

图 2-12　导向式视觉流程（2）

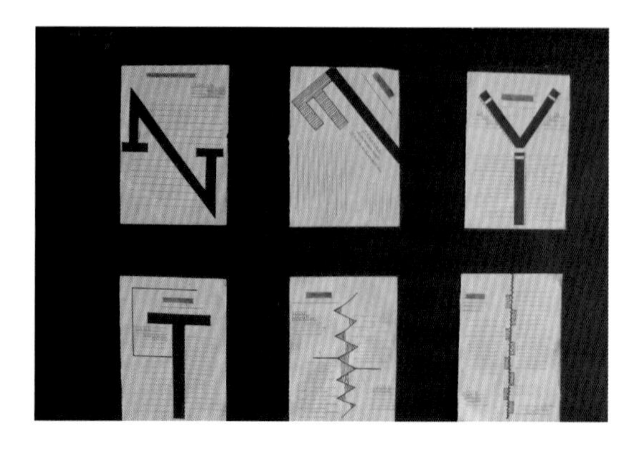

图 2-13　字母视觉分割作品（1）

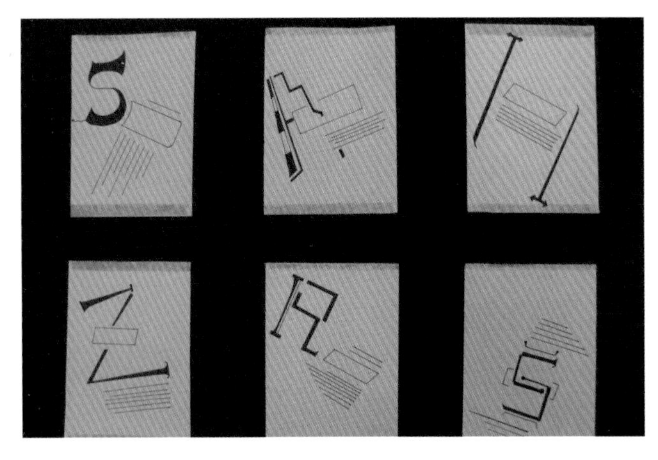

图 2-14　字母视觉分割作品（2）

图 2-15　字母视觉分割作品（3）

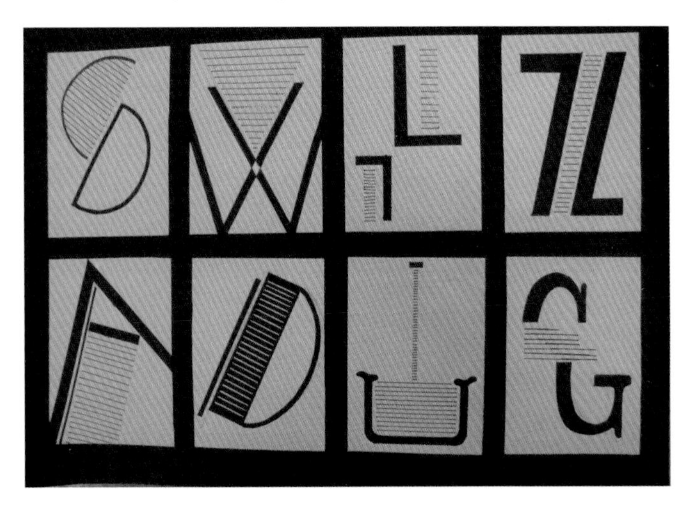

图 2-16　字母视觉分割作品（4）

第四节　版式设计的程序

版式设计的程序是创造具有美感的平面空间的主要手法，影响着整个版面从视觉到内容上的完善性和目的性。

一、读者群定位

版式设计的主要目的是传达信息，要根据读者群来编排版式。以书刊版式设计为例，儿童类书刊版式设计的特点是图片应用较多，版面色彩丰富，文字较大；青年类书刊版式设计的特点是时尚，富有个性，颜色运用大胆；中年类书刊版式设计的特点是整体素净雅致、不花哨；老人类书刊版式设计的特点是文字大、行距大。

二、明确版式设计的风格

定位读者群之后，明确设计项目的主题，然后再根据主题选择设计元素，最后考虑采用什么样的表现形式实现版式与色彩的完美搭配。有了明确的设计项目，才能进行准确适当的编排。

三、明确版式传播的信息内容

版式设计在对文字、图形与色彩进行合理搭配，追求版面美感的同时，还要保证信息传达准确、清晰。

四、明确设计宗旨

明确设计宗旨，是指要明确当前需要设计的这个版面想要表达的意思、要传达出的信息、要达到的目的。

五、明确设计要求

版式设计的目的是传达信息，达到宣传目的。版式设计师应将画面与文字相结合，把信息准确快速地传达给受众。

六、计划安排

在做设计之前要对设计背景进行研究调查，收集资料、了解背景信息是设计的基本环节。版式设计师应熟悉设计背景的主要特征，根据收集的资料进行分析，然后确定设计方案，最后根据设计方案安排设计内容。

七、设计流程

设计流程就是指做一个设计方案所要经历的过程。接到一个设计项目，要了解主题，熟悉背景，明确设计宗旨，然后对信息进行分析，确认设计方案与表现风格。适当地运用手绘草图可以帮助版式设计师形成完整的构思。版式设计师可以在完成草图后再用计算机完成制作稿。

第三章 版式设计的视觉元素

第一节　文字在版式中的应用
第二节　图形在版式中的应用
第三节　色彩在版式中的应用
第四节　版式设计的特点

文字、图形、色彩是版式设计的三个主要视觉元素，这些视觉元素就像舞台上的演员，通过各种精彩的演绎，散发出不同的魅力，给受众带来不同的心理及视觉感受。设计师根据要传达的主题内容，将这些元素进行构思创意，并运用造型要素及形式原理，把思想与计划以视觉形式表达出来。

第一节　文字在版式中的应用

文字是版面的核心，它不仅能够准确地传达信息，而且作为一种图形符号，具有审美功能。运用精心处理过的文字，可以营造很好的版面效果，特别是文字较多的报纸、书籍、杂志等，通过合理安排文字的大小和排列的疏密，可以给人带来阅读的舒适感。因此，文字的大小、数量、方位等是版面编排中需要着重处理的细节，文字的编排组织对版面具有重要的意义。文字在版式中的应用如图 3-1 至图 3-5 所示。

图 3-1　文字在版式中的应用（1）

图 3-2　文字在版式中的应用（2）

图 3–3　文字在版式中的应用（3）

图 3–4　文字在版式中的应用（4）

图 3–5　文字在版式中的应用（5）

一、字体

字体指的是文字的风格样式。字体的设计与选用是版式构成的基础。把字体创新作为艺术表现展开的原动力，将字体意与形的双重功能结合起来，不仅能传达信息，还可以表达另一种审美情趣，这已逐渐成为如今版式设计的一大趋势。

版式设计中字体的安排与运用要依据主题内容而定。例如，要表达现代感较强的主题，可以针对主题文字进行设计，如图 3-6 所示。

二、文字的种类

1. 中文字体

计算机辅助设计促使字体进入设计领域，为版式编排设计打开了一扇方便之门。现在有很多专门从事字体开发的机构，这些机构设计出了许多优秀的字体，使当今的版式设计更加丰富多彩。计算机字库中的印刷字体在规范统一的基础上仍具有鲜明的时代特征。传统的印刷字体包括黑体、宋体、楷书、隶书、仿宋等。现代出现的印刷字体还有汉仪、文鼎等。

2. 英文字体

英文字体与汉字有着明显的视觉差异。汉字基本上构架在一个方格里，而英文字体有大小不同的形状，在设计上不可能排列在同一条直线上，如 g、j、p、q、y 等字母都是齐下沉线，而 b、d、f、h、k、i 等字母都是齐顶线，其他字母才齐上中线和下脚线。无论是大写字母还是小写字母都宽窄不一，有利于人们阅读，所以英文字体的设计显得格外重要。

3. 变形字体

变形字体是利用计算机软件强大的处理功能对文字进行压扁、倾斜、旋转、拉长、扭转等处理而成的。在变形字体中，中文字体要多一些。

图 3-6　文字在版式中的应用（6）

三、文字的编排

文字编排是版式设计的一个重要组成部分，在形式上具有多样性。早期我们常见的一些书籍、杂志的排列形式只有横式和竖式两种。前文已论述了关于现代版式设计的特点，现代流行的编排形式多样，在文字的编排上创意无限。

文字在版式中的应用如图 3-7 至图 3-10 所示。

图 3-7　文字在版式中的应用（7）

图 3-8　文字在版式中的应用（8）

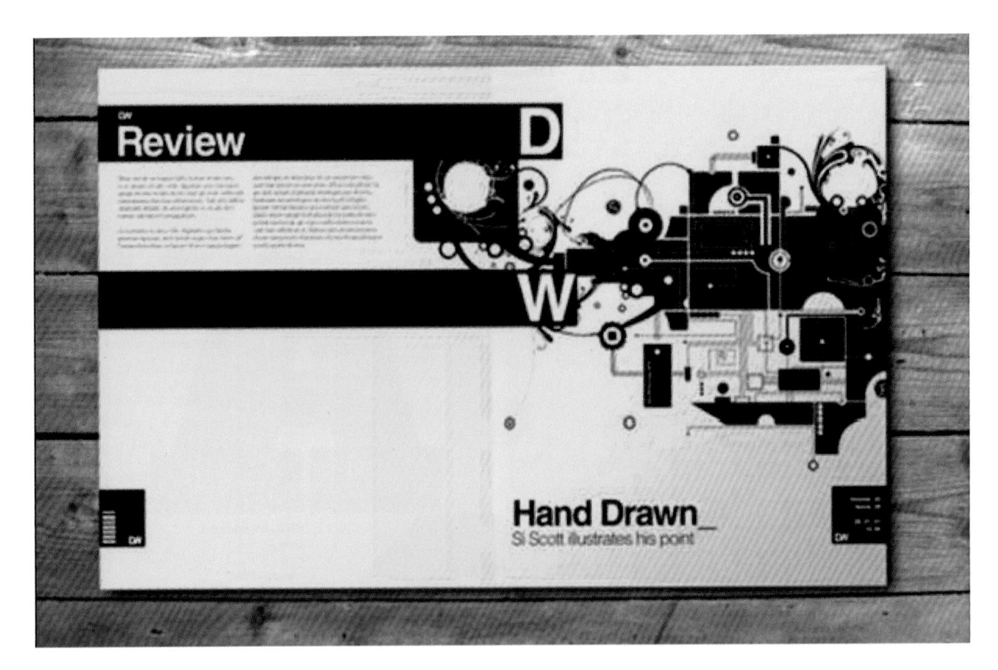

图 3-9　文字在版式中的应用（9）

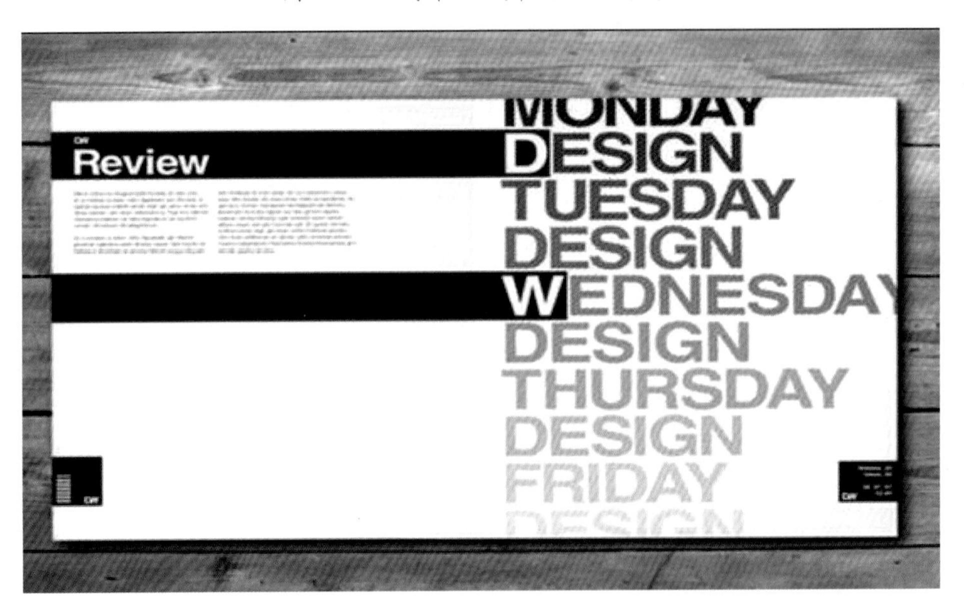

图 3-10　文字在版式中的应用（10）

文字的编排可分为以下几种。

1. 齐头散尾式

齐头散尾式（见图 3-11）是指行首排齐，在一条直线上，行尾参差不齐，适用于广告语言、诗歌、散文诗的编排。

2. 散头齐尾式

散头齐尾式（见图 3-12）是指行尾排齐，在一条直线上，行头参差不齐，适用于公司名称、工厂名称和图片文字说明的编排。

3. 横式

横式（见图 3-13）是指将文字左右均齐地排列成一条直线，在书籍、报纸、杂志中最为常见。

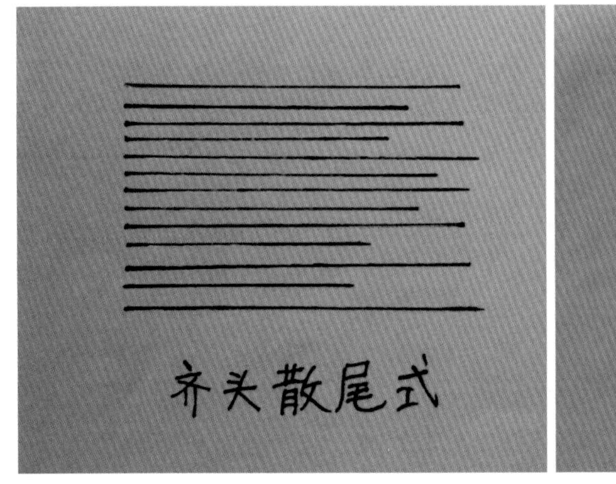

图 3-11　齐头散尾式

散头齐尾式

图 3-12　散头齐尾式

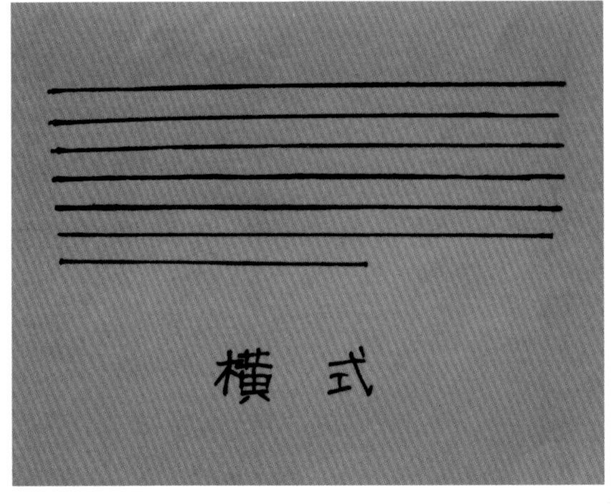

图 3-13　横式

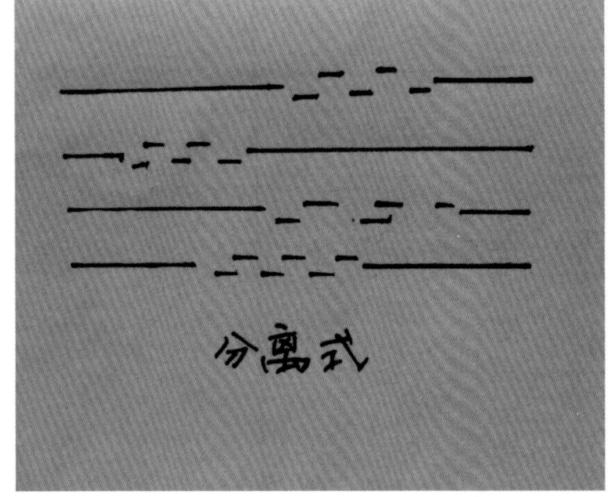

图 3-14　分离式

4. 分离式

分离式(见图 3-14)就是将文字一个一个地分离出来,现代广告中常采用这种编排方式。这种排法特别引人注目,在日本广泛流行。

5. 竖式

竖式(见图 3-15)是指将文字纵向排列,在编排的过程中应注意对两端连字符号的处理。竖式这种排法在传统书籍中比较常见。

6. 中分式

中分式(见图 3-16)是指以版面中心线为轴线,做到两边的文字与版面中心线的距离相等。中分式使整个版面简洁、大方,给人高格调的视觉感受。

7. 沿形

沿形(见图 3-17)就是将文字围绕着图形排列,让文字随着图形的轮廓起伏。沿形的编排方式会产生新颖的视觉效果,使阅读更别致。

8. 突变

在一组整体有规律的文字群中,个别单词出现变化,没有破坏整体效果,这就被称为突变(见图 3-18)。突变的编排方式给版面增添了动感,使版面具有强烈的视觉冲击力。

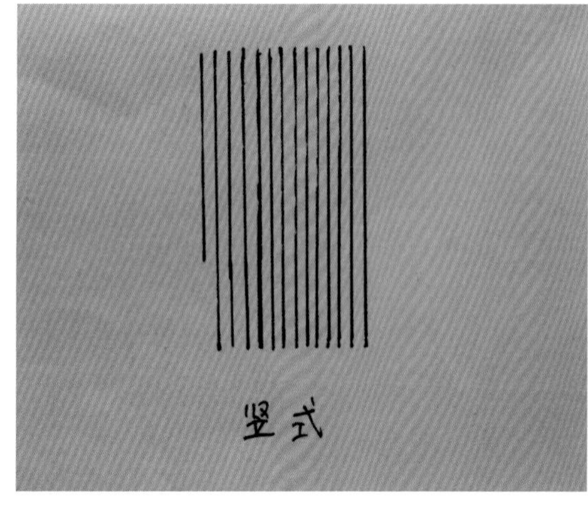

图 3-15　竖式

图 3-16　中分式

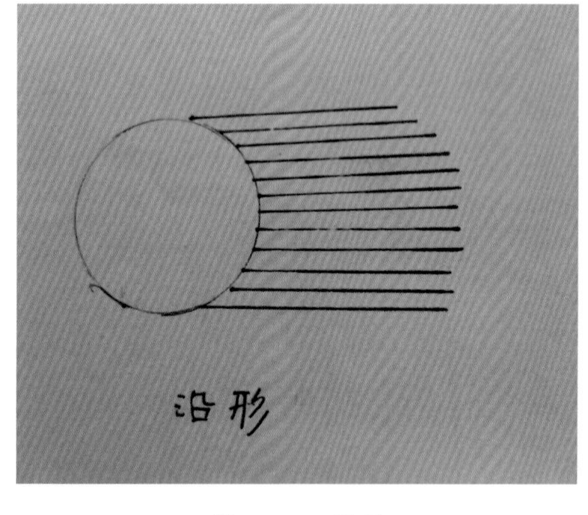

图 3-17　沿形

图 3-18　突变

9. 渐变

文字在编排过程中由大到小、由远到近、由暗到明有节奏、有规律的变化过程称为渐变。

第二节　图形在版式中的应用

图形与图片比文字更容易吸引人们的注意，能更快地传递信息，是一种更直接、更形象、更快速的信息载体，是现代社会传递信息的主要表现形式。

版式编排设计中的图形包括照片和插图，它们能将设计者的创意具体、完整、直观地表现出来，使版面视觉更加集中稳定，起到有效的导读作用。

图形的特征有以下几个。

1. 图形的夸张性

图形的夸张性是指将要表达的对象的特点进行明显的夸大，并借助想象充分扩大事物的特征，以此来加强版面的艺术感染力，从而提高信息传达的时效性。

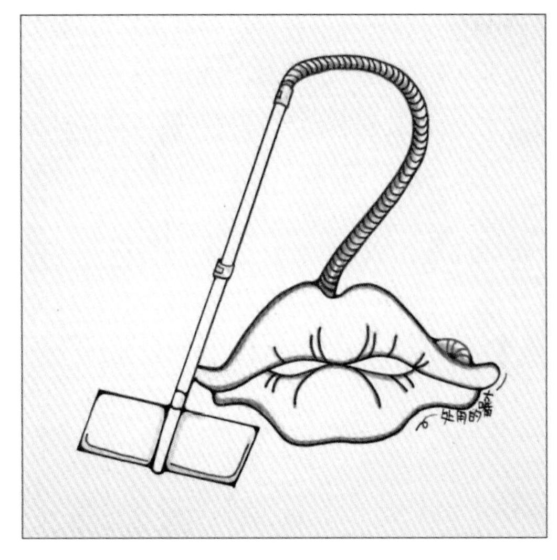

图 3-19　图形的夸张性（1）

图 3-20　图形的夸张性（2）

夸张是版式设计师常用的一种表现手法。在版式设计中，夸张的图形能够给读者带来视觉冲击力，同时给版面增添无穷的乐趣，使版面更富有特色，耐人寻味，如图 3-19 和图 3-20 所示。

2. 图形的简洁性

简洁的图形能够鲜明地突出主题，使受众在第一时间内获得信息。采用这种表现手法可以体现出视觉的最佳效果，但要注意图形的位置、图形的摆放，否则，不但突出不了重点，反而会误导受众。

3. 图形的符号性

图形的符号性是指人们把信息与某种事物相关联，然后再通过视觉感知其代表的事物。这种对象被公众认同后，便成为代表这个事物的图形符号。将图形符号化，就是以具体清晰的符号去表现版面的内容。由于图形符号往往与版面传达的内容相一致，因此，采用这种表现手法，版式所传达的信息能迅速获得受众的认同。

4. 图形的具象性

具象性图形最大的特点是真实地反映自然形态的美。该类图形将写实性与装饰性结合在一起，给人一种很亲切的感觉。具象性图形是以反映事物的内涵和表现自身的艺术性来吸引和感染读者的，它所构成的整个版面一目了然，深受读者喜爱。

5. 图形的抽象性

抽象性图形简洁、单纯，是运用几何的点、线、面及圆、方、三角等图形构成的。抽象性图形利用有限的形式语言营造空间意境并通过隐喻或联想来表达主题，让受众发挥想象力去体会。抽象性图形前景广阔，所构成的版面具有鲜明的时代特征。

第三节　色彩在版式中的应用

色彩在版式设计中具有很重要的作用。每一种色彩都同时具有三种基本属性，即色相、明度

和纯度。在版式设计中,色彩的表现力是较为重要的学习课题。内容决定形式,色彩这种形式语言可以直接地将设计要表现的内容传达给受众。在色彩的三大要素中,色相是最具有视觉表现力的。在版式设计中,色相的性质和设计所要表现的内容之间有着直接的联系。在版式设计的初级阶段,版式设计师需要掌握有关色彩的知识。在此,我们仅略谈一下色彩。

一、色彩的基本属性

色相是指色彩的相貌,明度是指色彩的明暗程度,纯度是指颜色的鲜浊程度。色相、明度和纯度是色彩的基本属性。色彩会对人们的心理产生影响,具有具象性、联想性、情感性的特征。

二、色彩在版式中的应用

在版式中,书籍的用色比招贴显得柔和,色彩的对比没有那么强,色调也协调一些。招贴的用色对比强烈、比较夸张,书籍要是整体配色夸张就会使人在阅读时产生视觉疲劳。在版式编排中,为了使人获得视觉上的协调感,版式设计师会根据视觉传达的需要确定一种主色,再依据主色来选用其他次要的色彩。

1. 主色

不同的主题内容需要用不同的色彩来表达,因此,编排设计中的主色与传达的主题内容具有直接的联系。版式设计师利用色彩的感性特征来确定主色,可以使设计作品传达出更加准确和有效的信息。

2. 辅助色

辅助色的使用能够使人在视觉上产生层次感,避免视觉上的单调。但在版式设计中,不宜过多地使用辅助色,否则就容易使人产生花哨的感觉,让人无法集中视线。一般辅助色以 2~3 套为宜。

版式色彩训练:临摹 4~8 幅版式。选择喜爱的版式进行临摹,要求每幅版式的色彩不少于 5 种。色彩在版式中的应用如图 3-21 至图 3-24 所示。

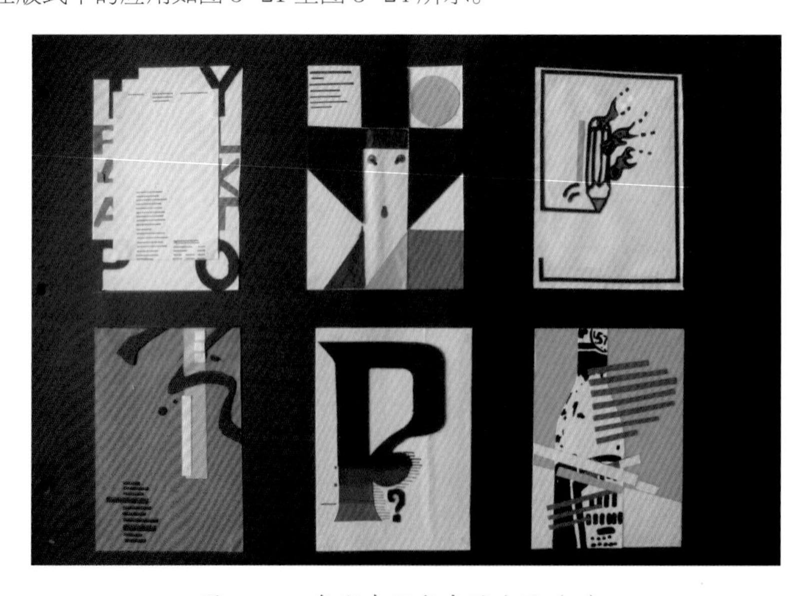

图 3-21 色彩在版式中的应用(1)

图 3–22　色彩在版式中的应用（2）

图 3–23　色彩在版式中的应用（3）

图 3–24　色彩在版式中的应用（4）

第四节　版式设计的特点

伴随着全球经济一体化、互联网迅猛发展、国际社会大融合，平面设计的发展呈现出新的特点。版式设计是平面设计的重要组成部分，它的风格、形式、理念同样也在不断地发生变化。现代版式设计呈现以下几个特点。

一、创意至上

版式设计师突破传统设计的束缚，打破了千篇一律的平面设计风格，将丰富而巧妙的构思和周密精致的理性分析相结合，引发了一场设计思维的大变革，创意在版式设计中占有十分重要的位置。在现代版式设计的表现方式中，版式设计师将编排形式与主题内容紧密联系起来。

二、形式多样

图形与文字是版式设计的重要元素，现代版式设计已经抛弃传统的设计风格，无论是图形还是文字都以独特的表现形式带给受众强烈的视觉效果，以迎合现代大众的审美。图形位置、大小的变化成为版面形式独特的重要因素，字体设计更是创新出幽默、风趣的表现形式，而这也成为版式设计的流行趋势。编排形式的多样化给版式设计注入了更多的情趣，使版式设计进入一个全新的境界。

三、自由版式设计

自由版式设计是相对于古典版式设计和网格设计而言的。自由版式设计打破了古典版式设计版心、天头、地脚的束缚，并将传统的网格版面重新进行组合，开创一种版心无边界的局面。自由版式设计是将文字、图片、色彩等视觉元素进行重叠拼凑，倡导一种随意、轻松、自由的风格。自由版式设计给我们带来一种新奇的视觉体验，并成为当今版式设计的一种潮流趋势。

第四章

版式设计的网格系统

第一节　版式设计的网格系统概述

版式设计的网格系统是指用线条将版面划分成单栏、双栏、三栏或更多栏，然后将正文、插图、大标题、小标题等内容编排在栏中，并运用均衡、对称、分割、对比等手法进行编排设计，是版式设计的一种表现形式。

版式设计中的网格系统产生于20世纪40年代，是瑞士设计师探索的成果。第二次世界大战后，由于贸易的发展，需要一种统一规范且便于快速传达信息的方式。网格系统由于具有规范性的特点，能够为国际的交流起积极沟通的作用，因而得到了较快的发展和广泛的应用，最终形成了这种几乎标准化的版面编排方式。这种编排方式的特点是通过简单的网格结构和近乎标准化的版面公式达到设计上的统一。它属于理性的编排方式。

第二节　版式设计的网格设计形式

网格设计版式大多用于报纸、期刊等平面设计中。网格系统的基本原理是运用网格将版面划分为不同的功能区，使图像与文字的关系条理化、次序化、规范化，从而达到视觉上的和谐与统一。

利用网格系统进行版式设计的方式是多种多样的，如何确定网格系统的类型和风格呢？版式设计师要根据主题传达需要和设计创意来确定。例如：报纸、文献等信息承载量大的媒介，网格系统就要密集，栏的数量就会多一些；时尚周刊等图片多、承载信息量相对较少的媒介，网格系统就要稀疏，栏的数量就会少一些。网格版式设计如图4-1至图4-4所示。

图4-1　网格版式设计（1）

图 4-2　网格版式设计（2）

图 4-3　网格版式设计（3）

图 4-4　网格版式设计（4）

一、网格的类型

1. 对称式网格

在一个版面中，栏的数量左右或上下相等，栏的面积大小相同，我们称之为对称式网格，如图4-5和图4-6所示。

2. 非对称式网格

在一个版面中，栏的数量左右或上下不相等，栏的面积大小不相同，我们称之为非对称式网格，如图4-7和图4-8所示。

3. 基线网格

基线网格是不可见的，但却是版式设计的基础。基线网格提供了一种视觉参考，可以使版面元素按照要求准确对齐，这种对齐的版面效果是凭感觉无法达到的。基线网格如图4-9所示。

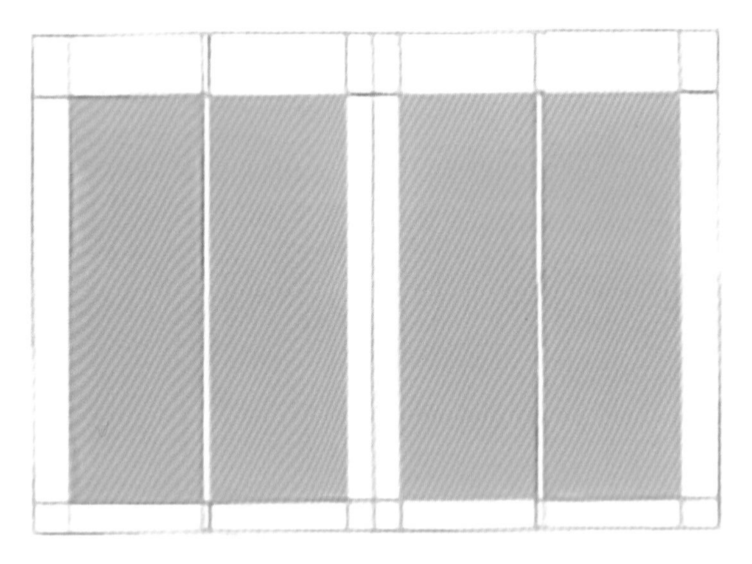

图4-5　对称式网格（1）

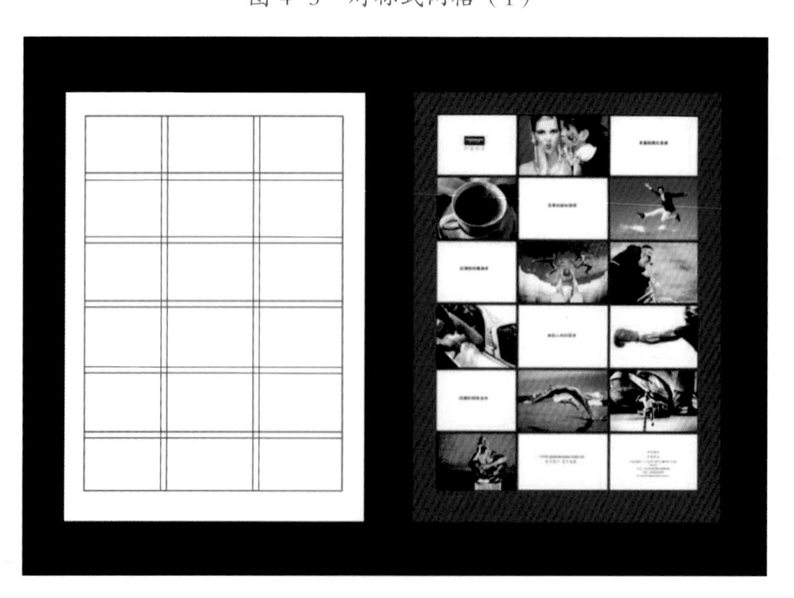

图4-6　对称式网格（2）

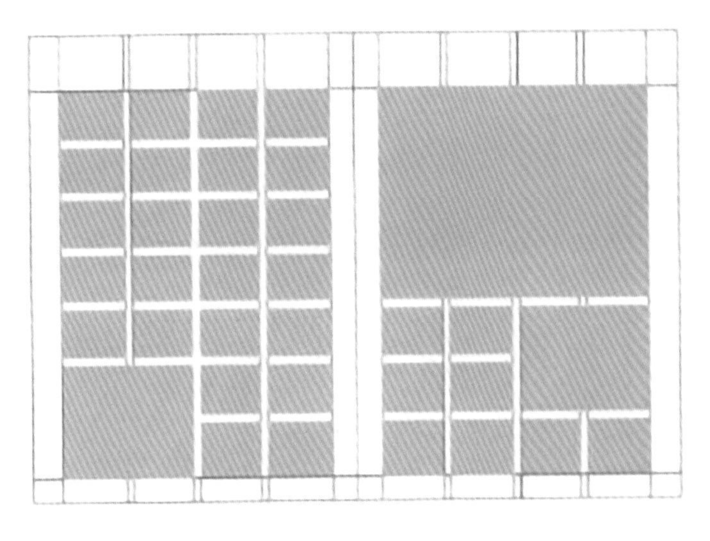

图 4-7　非对称式网格（1）

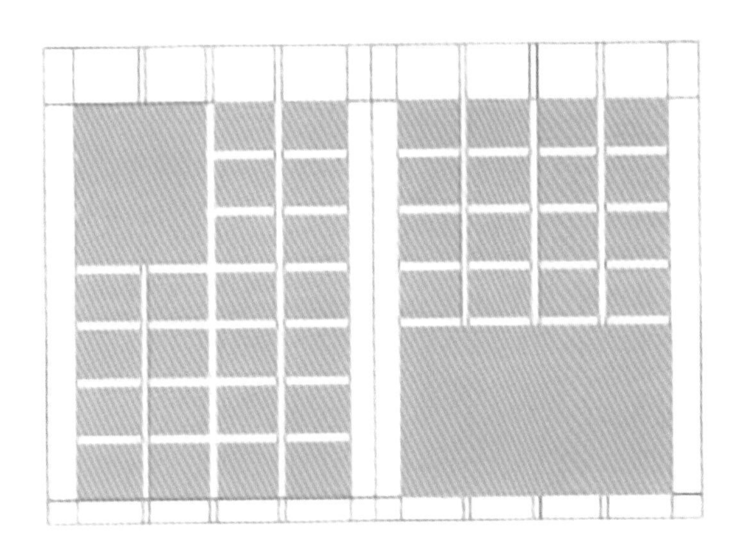

图 4-8　非对称式网格（2）

图 4-9　基线网格

图 4-10　成角网格

4. 成角网格

成角网格是倾斜的，版式设计师在编排版面的时候，可以以打破常规的方式展现自己的创意风格。成角网格通常只有一个或两个角度，角度倾斜范围为 30°~ 60° 。成角网格如图 4-10 所示。

5. 打破网格

打破网格是一种非对称的网格形式。在版面中打破网格通常会突出一个栏的效果，使版面的视觉重心突出。打破网格如图 4-11 所示。

版式网格训练：设计一个网格 J，分别设计出 J_1，J_2，J_3，…，J_n 等一系列的同一骨架不同的版面，打造系列版式形式。在版面中选择色彩并进行搭配，初学者选择的色彩最好不超过 5 种。版式网格参考作品如图 4-12 至图 4-17 所示。

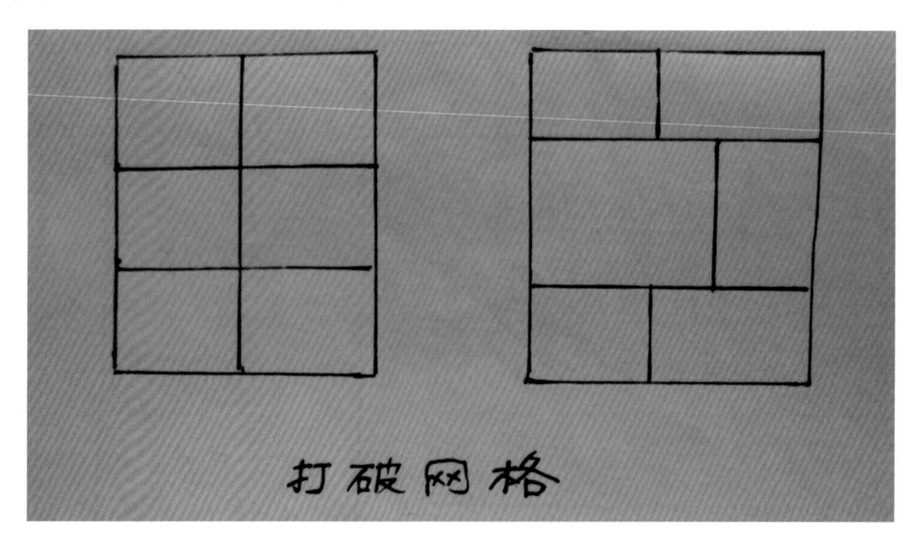

图 4-11　打破网格

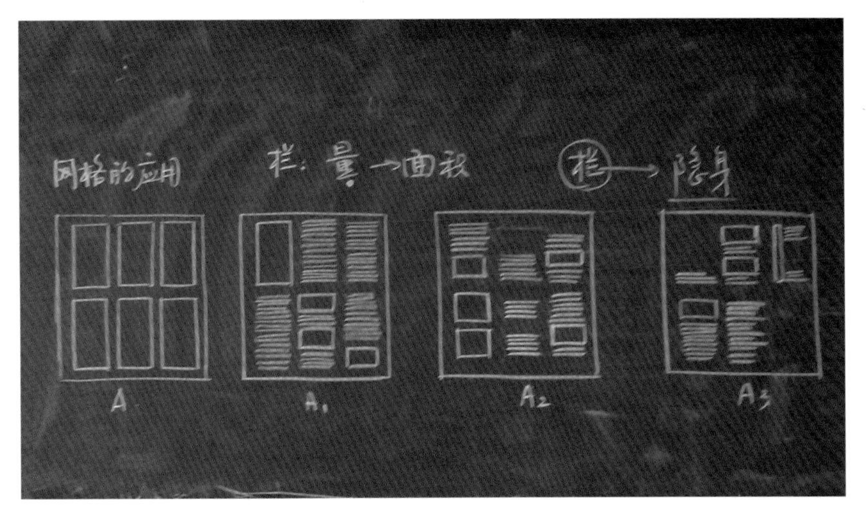

图 4-12　由网格骨架 A 得到 A_1、A_2、A_3 的版式设计

图 4-13　版式与它的网格骨架 1、2、3

图 4-14　学生版式网格设计作品（1）

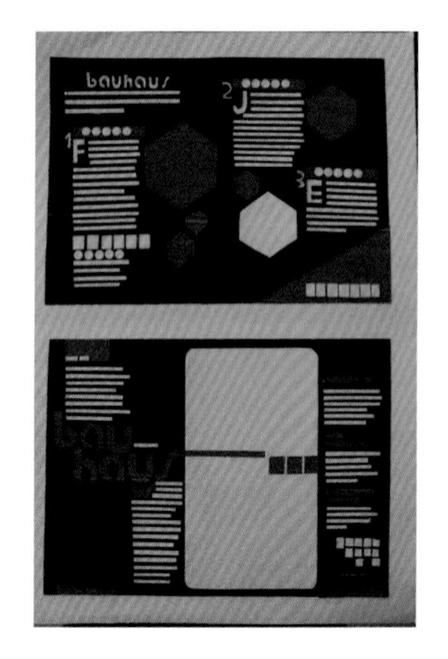

图 4-15　学生版式网格设计作品（2）

图 4-16　学生版式网格设计作品（3）

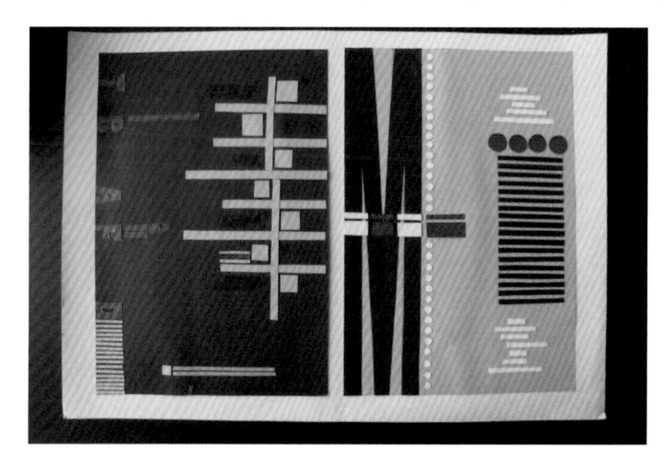

图 4-17　学生版式网格设计作品（4）

二、版心的确立

版心是指每一个版面中能容纳文字与图片的基本部位。版心在版面上的比例大小及位置，与版面的内容、体裁、用途、阅读效果有关。每个版面都有两个中心：一个是视觉中心；另一个是几何中心（对角线的交叉点）。

三、栏的数量

运用网格系统可以将版面划分为竖栏和横栏，它们的主要功能是放置文字和插画。特别是竖栏，不仅是版面网格的主体，还是网格系统各个部分展开的基础。

竖栏的大小和每行文字的长短有关。一般来说，每行的文字数在 17～34 格比较适宜阅读。除此之外，还要考虑每行文字的行距，行距在视觉上要合适。竖栏可以是单栏、双栏或更多栏，也可以是整栏或半栏。竖栏有较强的灵活性，它可以根据不同的设计内容进行调整，使文字和图形的编排更加灵活。

横栏基本规定了版面中横向方向的主次关系。横栏中各分栏的尺寸大小要根据具体的情况进行调整，在尺度上可以灵活一些。横栏的分栏高度也要考虑文字字体的样式、大小及它们之间的行距。总之，版式设计师要根据不同的设计内容和样式来确立横栏和竖栏的数量，保持版面的整体和谐。

四、确立标题的大小

在书籍、报纸、杂志的版面中，一般都有几级标题，如主标题、副标题和小标题，甚至有的还根据设计内容有特殊的标题分类。版式设计师要对各级标题在大小、排列上的不同所引起的视觉上的变化加以掌握，同时也可加进各种装饰性的图案和线条，保持标题在形式上的统一。在现代版式设计中，标题占据的空间较大，一般为一个或几个横栏。

五、填入文字和确立文字字体及装饰方法

文字大小、轻重的不同，代表的内容以及给人的感受也不同。版式设计师要考虑文字的编排形态与图形、色彩是否呼应，大小标题的设计可以有一定字号的改变。为了突出标题，可以对字体进行设计，让标题更醒目。

六、插图的风格与位置的设计

插图在编排中一般起着帮助受众理解内容、装饰版面的作用。插图的风格样式多种多样，有装饰性的、写实性的、漫画性的，等等。插图在版面上的位置以及插图和文字的关系是版式设计师要处理的主要问题，合适的插图是串联版面的关键。退底图和插画在版式中的应用分别如图4-18和图4-19所示。

图 4-18　退底图在版式中的应用

图 4-19　插画在版式中的应用

七、确立页码的位置及大小

页码不仅可以方便读者阅读，还可以使设计作品保持前后呼应。页码在版式上可以位于很多地方，页码的位置及大小是值得设计师去精心设计的内容。

综合练习：设计关于某城市的宣传画册，或是设计个人简历。应用熟悉的平面设计软件，作品要有封面、封底，内页不少于六页，版式大小为 A4 纸大小即可，装订形式自定。版式风格要求一致，画册要求色调统一协调，可以用网格形式设计。《独家记艺》作品集如图 4-20 所示。

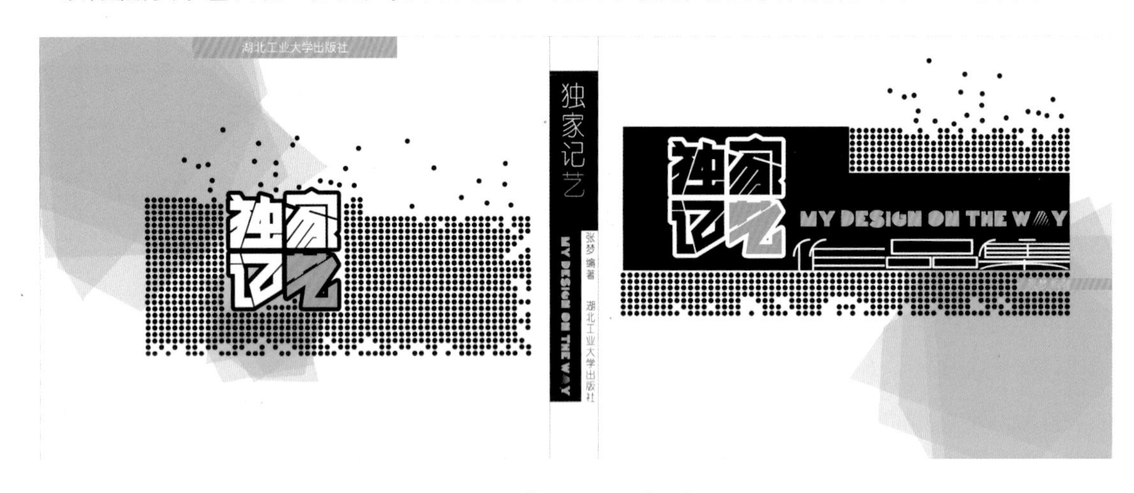

图 4-20 《独家记艺》作品集

第五章 版式设计与印刷

一、印刷的起源与发展

人类的语言符号是从岩壁上的图腾开始，到后来的“结绳记事”“刻木记事”。活字印刷术是人类最早的雕版印刷术。随着科学技术的进步，机器印刷与电子分色打印技术也得到进一步发展。

印刷术和指南针、火药、造纸术共称为中国古代的四大发明。印刷术的发明，是我国古代劳动人民智慧的代表，它对人类文明的贡献是不可估量的。因此，有人把印刷术称为“文明之母”。雕版印刷术的发明时间，历来是一个有争议的问题。大多数专家认为雕版印刷术的发明时间在590—640年，也就是隋朝至唐初。雕版印刷术是人类历史上出现最早的印刷术。

1041—1048年，为了克服雕版印刷术的不足，毕昇发明了活字印刷术。随后又出现了多色套印术、饾版印刷术和蜡版印刷术。

印刷术的发明，是人类文明史上的光辉篇章。在过去的几年里，我国印刷业信息化的发展速度远远低于其他行业，虽然产业发展没有减速迹象，但整体信息化应用水平不高使得行业在高速发展中无暇顾及产业升级，传统印刷业正面临着越来越大的压力，为数不少的民营传统印刷企业由于受到资金、技术的限制，更是显得力不从心。

二、版面与纸张

1. 版面与纸张

纸张的选择直接影响色彩与版面的最终效果，不同的纸张带给读者不同的视觉感受。如报纸版面采用的新闻纸与杂志版面采用的铜版纸，厚度和色泽都不同，给人不一样的视觉效果。用不同的纸张印刷可以使版面具有不同的美感。

2. 开本的切割

开本主要表现为出版物页面的大小。把一张全开纸平均裁切成尺寸相同的纸张，所裁切的张数就称为开本。

1）开本的大小

国家规定的开本尺寸采用的是国际标准体系，现在已纳入国家行业标准GB/T 788—1999内在全国执行。书刊现行开本尺寸主要是A系规格，有以下几种：A4为297 mm×210 mm；A5为210 mm×148 mm；A6为144 mm×105 mm。

常见图书开本(净)（单位：毫米）

16开　188×260　　18开　168×255　　20开　284×252　　24开　168×183

32开　130×184　　36开　126×172　　64开　92×126

长32开　(787×960×1／32) 113×184　　大16开　(889×1194×1／16) 210×285

大32开　(850×1168×1／32) 140×203

在实际版式中常采用异形开本，在编排异形开本版面的时候，应注意版面尺寸的选择，以节约纸张为原则。

2）开本的方向性

开本按在版面上的表现形式主要分为左开本、右开本、纵开本和横开本。

3. 纸张的选择

在版式设计中，不同的纸张印刷出的色彩、人们阅读时的心理感受都会有所不同，如铜版纸比亚光纸看上去要亮一些。

在版式设计中，常用的纸张主要有铜版纸、亚光纸、白卡纸、书写纸等。

1）铜版纸

铜版纸的表面光滑、白度高，对油墨的吸收性良好。这种纸主要用于印刷高级书刊的封面和彩色画片、插图和各种精美的商品广告、商品包装。

2）亚光纸

亚光纸与铜版纸相比不反光，用它印刷图案的颜色没有铜版纸那么鲜艳，但更细腻，显得更高档。亚光纸适用于印刷各种报纸、杂志，印出的图形、画面具有立体感，便于阅读。因而，这种纸可广泛地用来印刷杂志、画报、广告、风景、精美挂历、人物摄影等。

3）白卡纸

白卡纸属于较厚的纸张，具有较高的白度，耐磨性高，表面光滑。白卡纸一般用于印刷名片、证书、台历等。

4）书写纸

书写纸具有很强的拉力，色泽洁白，质地紧密，主要用于印刷包装纸、信封、纸袋等。

除了上面介绍的几种纸张以外，还有其他的纸张可供选择。使用特种纸更能体现出版面的视觉效果与触觉效果，因此，合理利用特种纸有利于提高版面的视觉效果与信息传达程度。

三、印刷与工艺

版式设计师在做版式设计前需要掌握的印刷专业术语如下。

1. 出血

出血是指超过裁切线或进入书槽的图像。出血必须确实超过所预计高度的线，以便在修整裁切或装订时允许有微量的对版不准。

在版式设计中，出血的作用是保证版面的完整性，避免版面中出现不完整、不规则的图像和文字。在版面编排中，出血是非常重要的，影响着整个版面设计的视觉效果以及版面结构。出血在版式设计中必须予以考虑，如果在设计稿的边缘部分出现了底色及图案，就必须在印刷前做好出血，以保证裁切后画面的完整性。一般在版面四周沿边多留 3 mm，也就是说比成品的尺寸要多 3 mm，留出出血部分。如要做个 A4 的版面，成品尺寸要求是 210 mm × 285 mm，在建立尺寸时就要做成 216 mm × 291 mm。

在版式设计中，报纸版面不需要留出血，因为报纸版面不需要裁切；照片类一般也不需要留出血；喷绘与写真类主要用于户外或装裱，需要根据实际情况考虑留边。

在版面中要注意页眉、页脚与出血线的位置关系。页眉、页脚除具有方便检索查阅的功能外，还具有装饰的作用，是版面中很细小的部分，在版面中起到点缀的作用。

2. CMYK

CMYK 称为印刷色彩模式，是一种依靠反光的色彩模式。和 RGB 类似，CMY 是 3 种印刷

油墨名称的首字母:青色 cyan、品红色 magenta、黄色 yellow。而 K 取的是 black 的最后一个字母。

美国印刷工业协会对色标的定义是,用来测量如网点扩大、密度、重影、双影、反差和套印等印刷品性质的检测用条状样品。色标也常被称为色彩向导或色彩控制条。

3. 裁切线

裁切线是指印在纸张周边用于指示裁切部位的线条。

在版式设计中,每个版面都有自身的大小,这些大小就是用版面中不同的线来划分的。

1) 角线

角线是在拼版或印后加工裁切中校准用的,在发菲林片之前必用。角线分布在印版的四角,一般设置线长为 5 mm、线宽为 0.07 mm。

2) 出血线

版面的上下左右各留出 3 mm 的宽度叫出血,将出血面积与版面面积相区分的线就是出血线。出血线也是剪切线,是划分版面有效空间的重要标记。

3) 十字规线

十字规线主要用于检查版面套印情况,在平版印刷品的天头、地脚处都有十字规线。

4. 文字与图片的输出要求

在输出文字之前,应确认文字的准确性,并确认字体的使用。图片的分辨率一般保持在 300 DPI 以上,输出图片时应存储为 TIP 格式,统一采用 CMYK 模式,不能采用 RGB 模式。

5. 直接制版

直接制版是将已排版的数字页面文件由计算机直接输出到激光制版机,免除了底片的制作,也称作 CTP(computer to plate)。

6. 印刷

印刷是使用印版或其他方式将原稿上的图文信息转移到承印物上的工艺技术。

7. 胶印

胶印就是借助于胶皮将印版上的图文先印在中间载体(橡皮滚筒)上,再转移到承印物上的印刷方式。

8. 胶印机

胶印机是按照间接印刷原理,印版通过橡皮布转印滚筒将图文转印在承印物上,然后进行印刷的平版印刷机。

四、有版印刷技术

有版印刷技术通常是指传统印刷技术,常见的印刷方式有平版印刷、凸版印刷、凹版印刷和丝网印刷。

1. 平版印刷的应用

平版印刷是现代发展最快的一种印刷方式,图文部分与非图文部分几乎处于同一平面上,利用油与水不相混合的原理,让图文部位吸收油墨而不吸收水分,非图文部分吸收水分而不吸收油墨。印刷过程采用间接法,即先把图像印在橡皮滚筒上,图像由正变反,再把橡皮滚筒上的图像转印到纸面上，纸面图像恢复正常。平版印刷原理如图 5-1 所示。

平版印刷的使用范围很广，画册、书籍、年历、地图等都可以采用平版印刷方式。

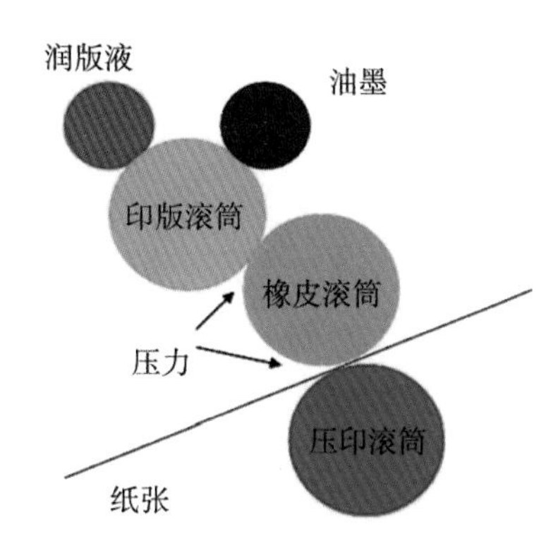

图 5-1 平版印刷原理

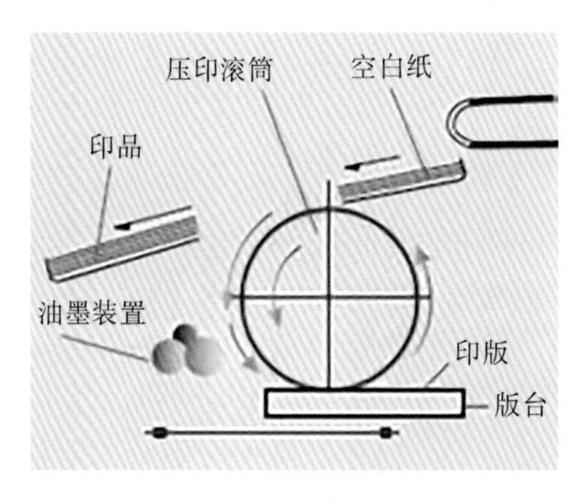

图 5-2 凸版印刷原理

图 5-3 凸版印刷印物

2. 凸版印刷的应用

20 世纪 80 年代，平版印刷已取代凸版印刷成为主流。凸版印刷是一种层层套印的原始工艺方式，因此已不适合现代印刷技术的发展要求。但目前印刷商利用凸版印刷的特点，使凸版印刷机成为现代印刷不可缺少的工具，如利用凸版印刷技术进行烫金银、起凸、压纹、上光、过 UV 及成型等特殊印刷，这些特殊印刷工艺是目前平版印刷工艺无法代替的，凸版印刷原理和凸版印刷印物分别如图 5-2 和图 5-3 所示。

凸版印刷的缺点：①不适合用于印刷大版面的印刷物；②彩色印刷时成本较高；③印刷时产生的铅蒸气会污染环境。

3. 凹版印刷的应用

凹版印刷的原理正好与凸版印刷相反，文字与图像凹于版面之下，凹下去的部分用来填装油墨。凹版印刷原理如图 5-4 所示。

4. 丝网印刷的应用

丝网印刷是一种简易的印刷方式。最早的丝网印刷是利用油纸、蜡纸进行复印，现在一般是利用丝织物或金属材料制成丝网印版，将图文部位镂成细孔，非图文部位以印版进行保护，印刷时印版紧贴承印物，用刮版进行压印，将油墨通过细孔刮印到承印物上。

现在丝网印刷多用于制作布标、服装、旗帜、标牌等，一般为小型加工印刷企业所使用，适用

于印刷批量小的印刷物。随着印刷技术的发展,丝网印刷的空间会越来越小,但目前大型印刷企业仍保留着少量的丝网印刷作为辅助印刷,如印刷特殊纸质的包装或协助平版印刷做特种印刷。

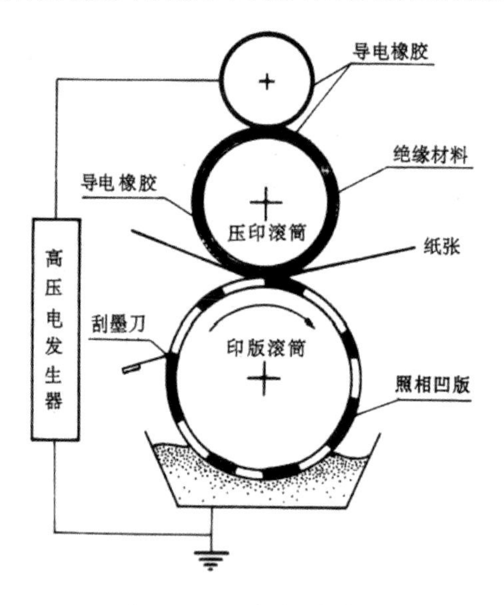

图 5-4　凹版印刷原理

丝网印刷印物与丝网印刷原理分别如图 5-5 和图 5-6 所示。

图 5-5　丝网印刷印物

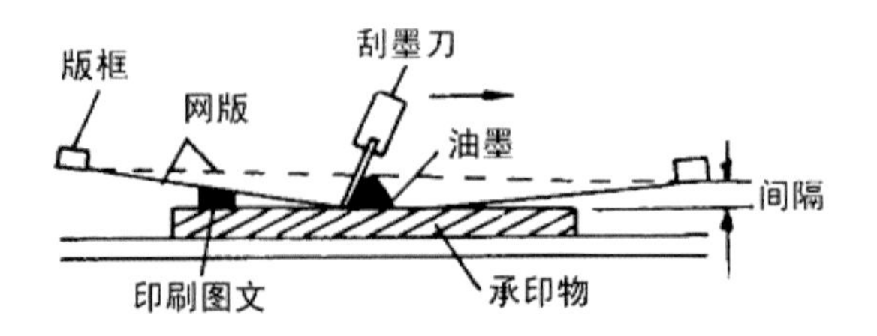

图 5-6　丝网印刷原理

五、作品欣赏

网页设计作品如图 5-7 至图 5-11 所示，书籍设计作品如图 5-12 至图 5-29 所示，名片及文件设计作品如图 5-30 至图 5-32 所示。

图 5-7　网页设计作品（1）

图 5-8　网页设计作品（2）

图 5-9　网页设计作品（3）

图 5-10　网页设计作品（4）

图 5-11　网页设计作品（5）

图 5-12　书籍设计作品（1）

图 5-13　书籍设计作品（2）

图 5-14　书籍设计作品（3）

图 5-15　书籍设计作品（4）

图 5-16　书籍设计作品（5）

图 5-17　书籍设计作品（6）

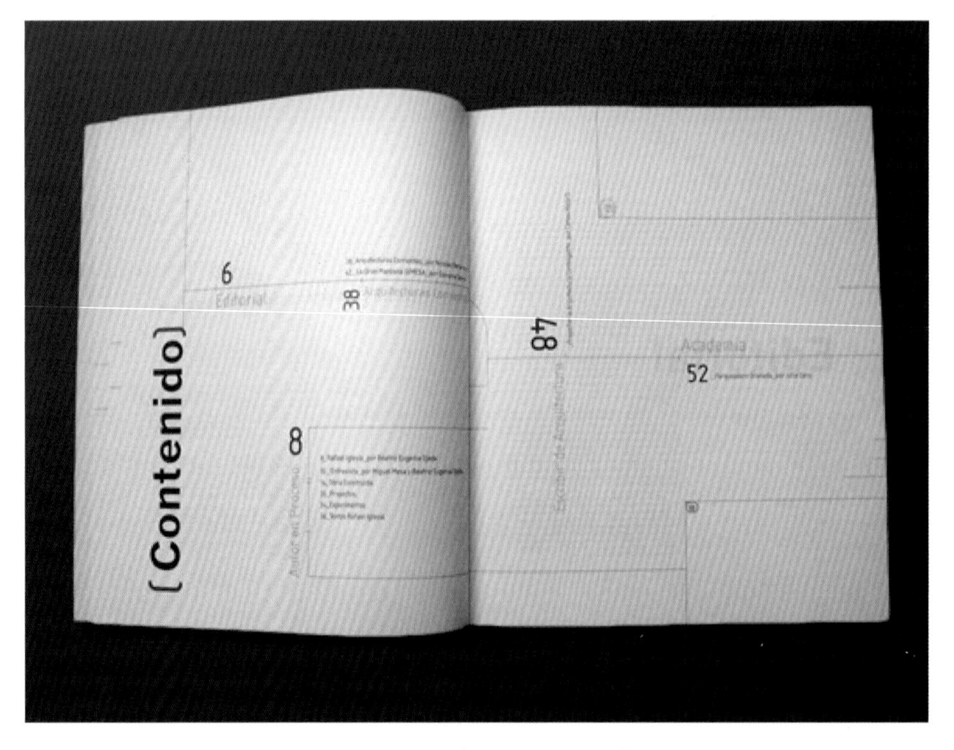

图 5-18　书籍设计作品（7）

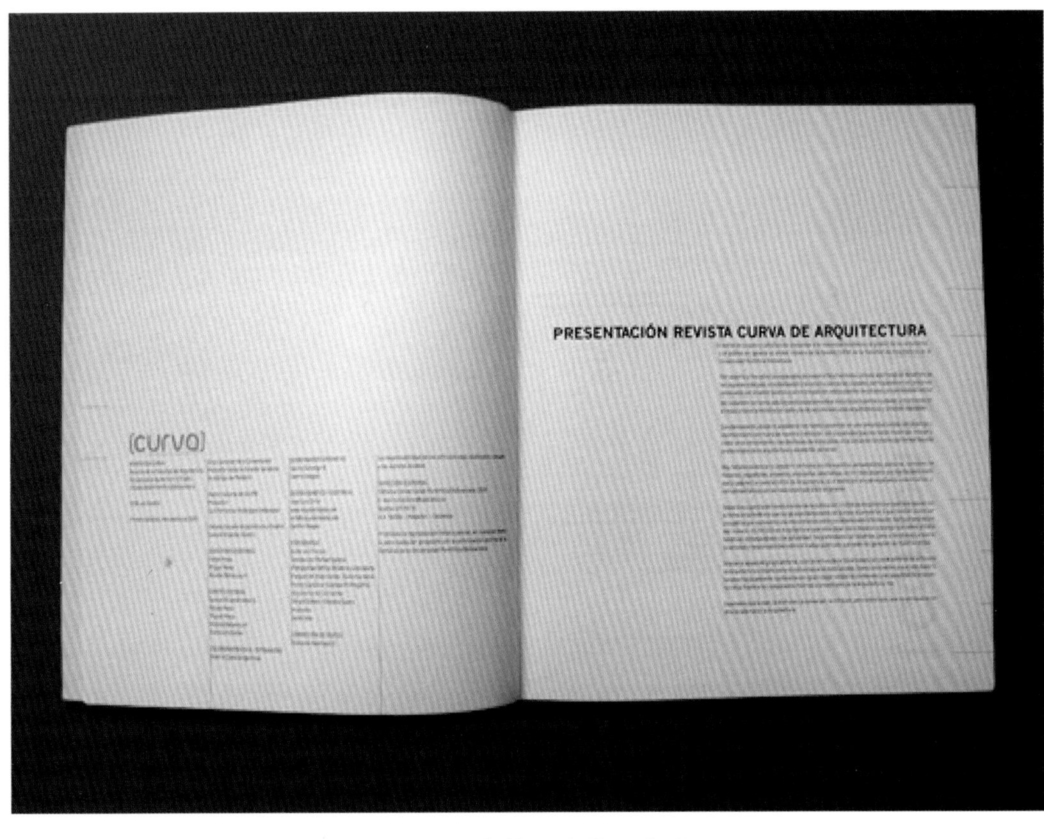

图 5-19　书籍设计作品（8）

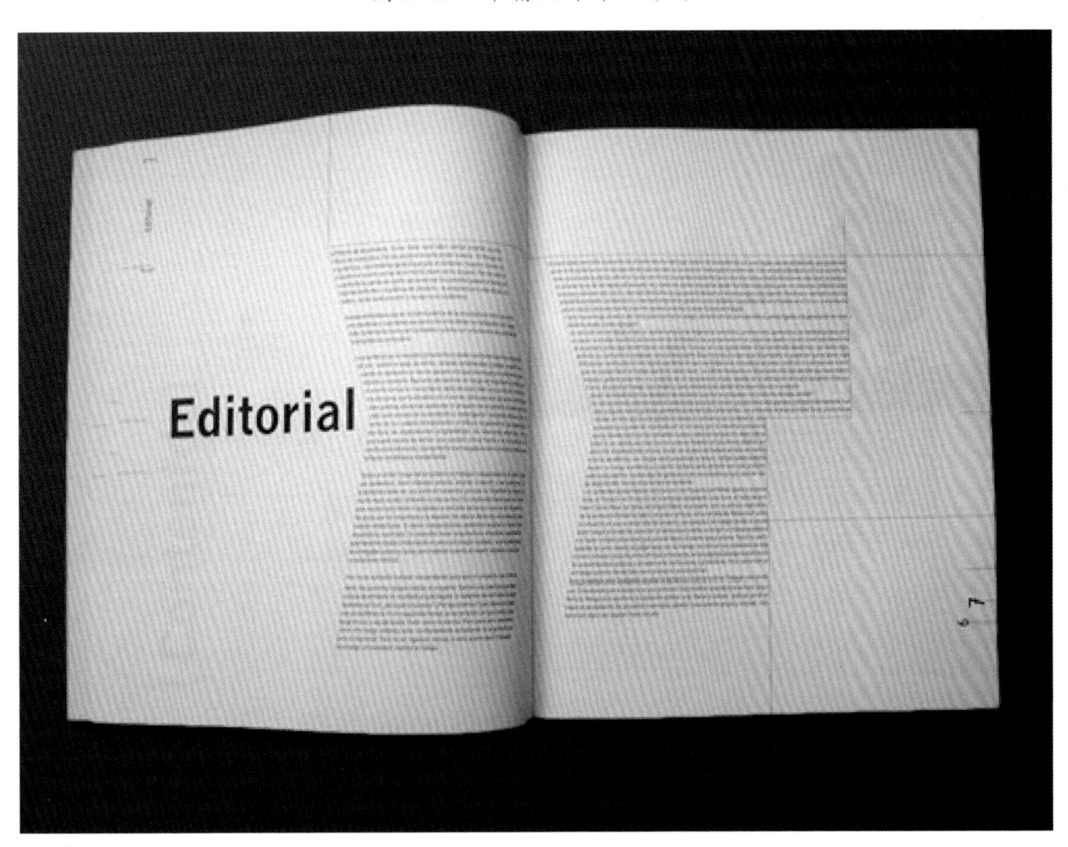

图 5-20　书籍设计作品（9）

图 5-21 书籍设计作品（10）

图 5-22 书籍设计作品（11）

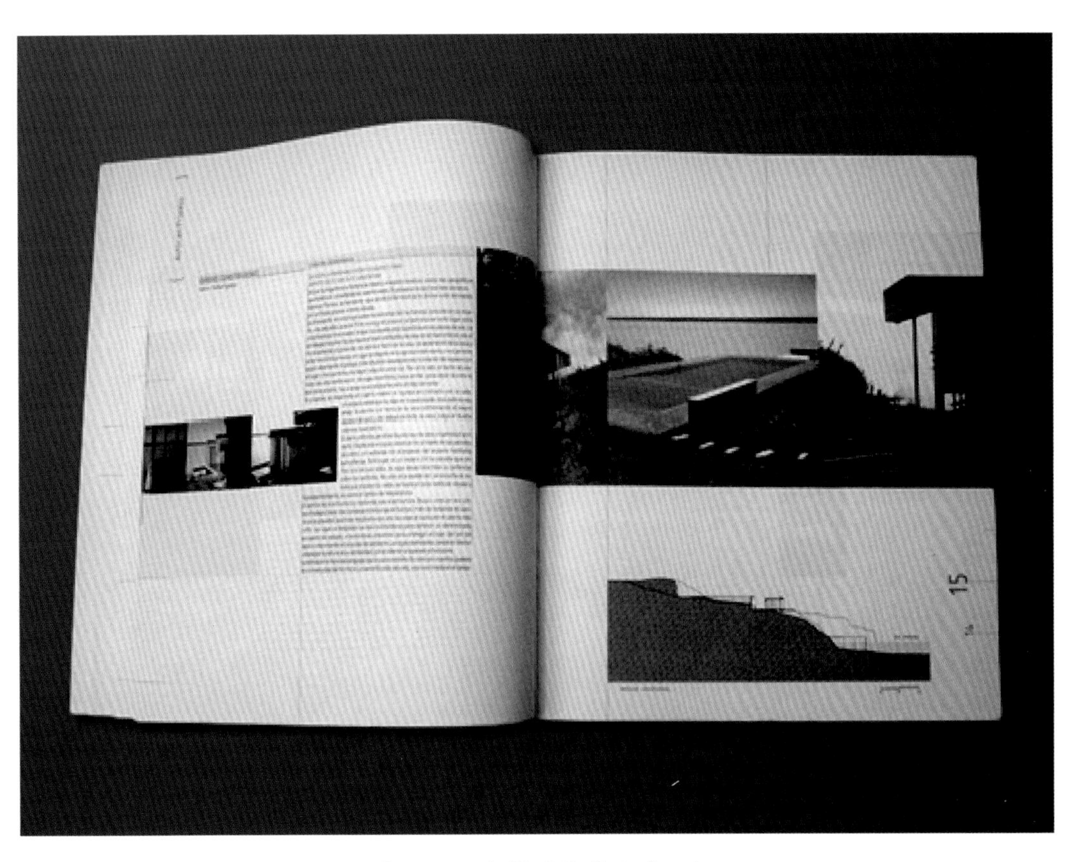

图 5-23　书籍设计作品（12）

图 5-24　书籍设计作品（13）

图 5-25　书籍设计作品（14）

图 5-26　书籍设计作品（15）

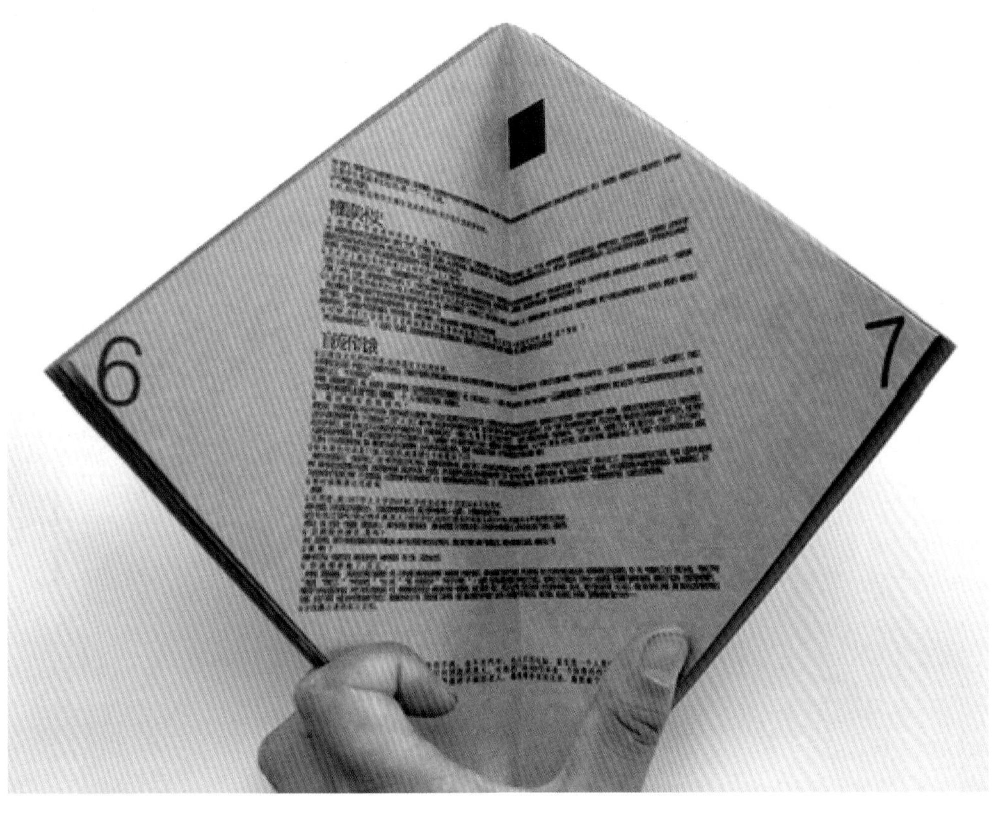

图 5-27　书籍设计作品（16）

图 5-28　书籍设计作品（17）

图 5-29　书籍设计作品（18）

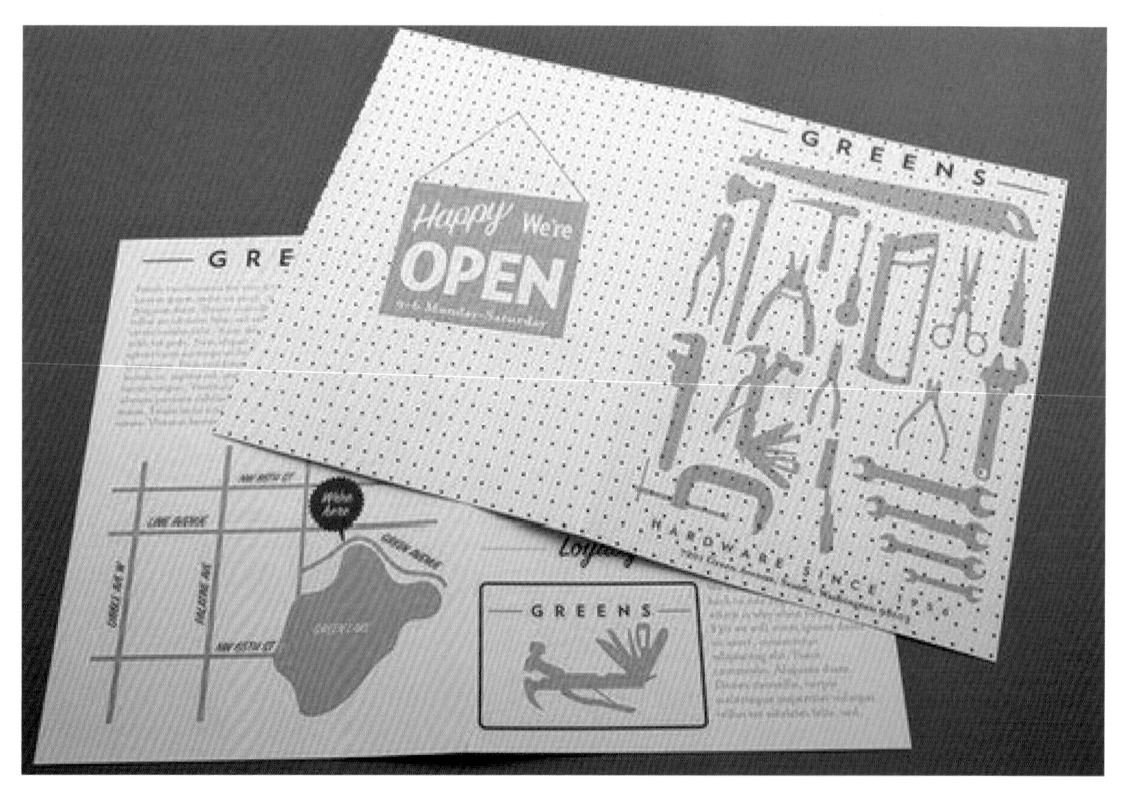

图 5-30　名片设计作品

图 5-31 名片及文件设计作品

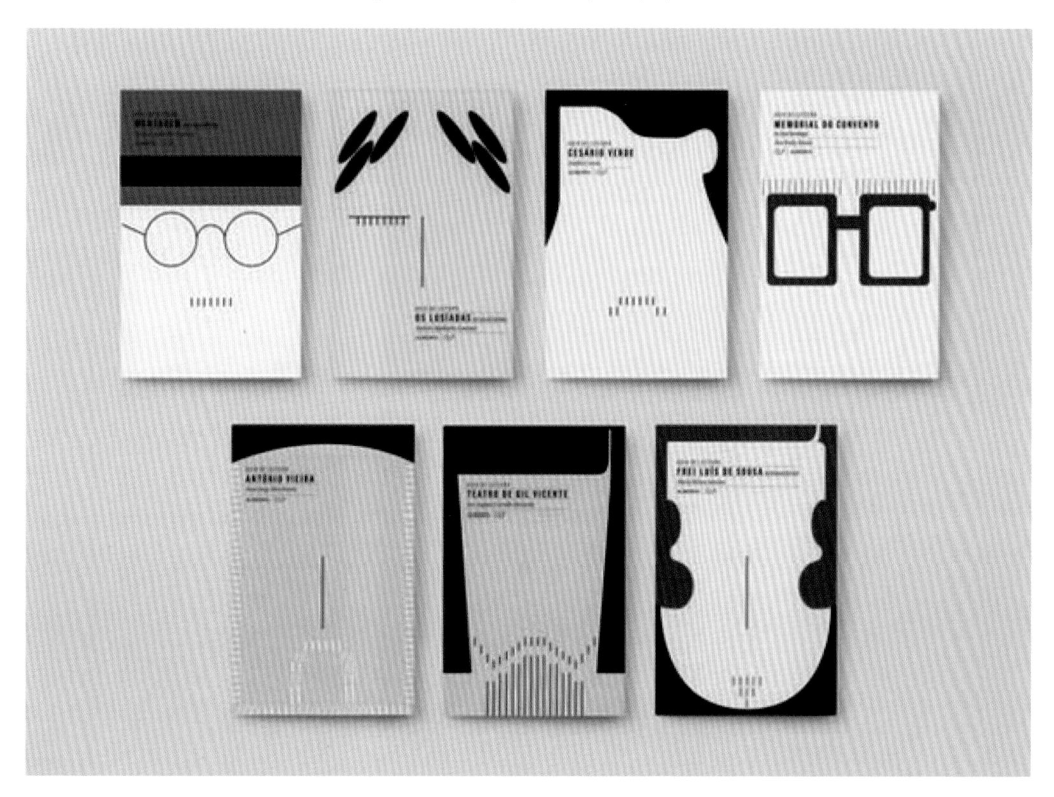

图 5-32 文件设计作品

参考文献 References

[1] 周峰 . 版式设计 [M]. 北京:北京大学出版社,2009.
[2] 王同旭 . 版式设计 [M]. 北京:人民美术出版社,2010.